设计师手稿系列

手绘服装款式设计与表现 1288 例

潘璠　编著

中国纺织出版社

内 容 提 要

本书重视设计理论与实践的结合，对服装款式设计做了概述，通过将服装的形式特征用简单的点、线、面加以概括和提炼，由浅入深、循序渐进，由局部到整体，逐步掌握服装款式设计中领型、袖型、门襟、口袋、裙型、裤型等局部设计及组合设计的基本知识和变化规律，最终使读者可以运用形式美法则来熟练地进行服装款式设计。

为避免抽象的文字描述，书中各章节均配有作品设计图例，以达到直观、实用以及激发读者创作灵感的效果。

本书既是服装设计专业的实用性教材，也可作为服装款式设计图学习和借鉴的必备工具书与速查手册。

图书在版编目（CIP）数据

手绘服装款式设计与表现 1288 例／潘璠编著 . -- 北京：中国纺织出版社，2016.1（2022.3重印）

（设计师手稿系列）

ISBN 978-7-5180-2061-4

I. ①手…　II. ①潘…　III. ①服装设计－绘画技法　IV. ① TS941.28

中国版本图书馆 CIP 数据核字（2015）第 243973 号

策划编辑：孙成成　责任编辑：孙成成　责任校对：余静雯
责任设计：何　建　责任印制：王艳丽

中国纺织出版社出版发行

地址：北京市朝阳区百子湾东里A407号楼　邮政编码：100124

销售电话：010—67004422　传真：010—87155801

http://www.c-textilep.com

E-mail:faxing @c-textilep.com

中国纺织出版社天猫旗舰店

官方微博http://weibo.com/2119887771

天津千鹤文化传播有限公司印刷　各地新华书店经销

2016年1月第1版　2022年3月第8次印刷

开本：710×1000　1/12　印张：16.75

字数：115千字　定价：32.80元

前　言

在服装设计中，款式设计是基础，它决定了服装结构和工艺。学习服装款式设计可以使服装审美功能和实用功能达到和谐、统一，实现服装式样与色彩、材料的有机结合，从而达到引导时尚市场、美化生活、满足消费需求、推动服装加工生产的目的。

服装款式设计的一般程序是：设计师先有一个创意和设想，然后进行调查研究、收集资料、确定设计方案、开展设计、完成服装款式设计图等几个步骤。服装款式设计的内容主要包括：服装的整体风格、造型、面料、图案、细节、服饰品的配套等。

本书共分四个章节，包括服装款式设计概述、服装款式的局部设计、组合设计和整体设计，每一章节都采用大量的图例来加以说明，在强调新意的同时，注重服装的结构线、装饰线等具体形态以及细节描绘，用简单、明了的线条勾勒出服装的结构特征。

读者可以通过本书的理论学习和设计实践的训练，打好服装设计的理论基础和专业技术基础。

本书中所有的图例均由作者本人及西安美术学院服装系部分优秀学生绘制，不能一一署名，在此一并致以诚挚的感谢！

潘璠

2015 年 3 月

目 录
Contents

Part3
服装款式的组合设计

Part4
服装款式的整体设计与人体动态表现

Part 1

服装款式设计概述

1.1　服装款式设计的定义

服装款式设计是指服装的分割和组合关系以及与色彩、材质的综合表现。它是对平面构成、色彩构成和立体构成的综合应用和提炼，并将其适应于人体和服装。服装款式同服装色彩、服装面料一起构成了服装设计的三大要素，是任何服装都必须具备的基本特征。在色彩丰富的服装中，服装款式和结构相对简单，以免造成视觉的混乱；在单色的服装设计中，结构就显得更加重要，它可以为平淡的服装增加魅力。结构的设计中还要考虑面料质感的特征，厚质地的面料和薄质地的面料所能表现的结构设计是不同的，质地越厚重的面料，省道的处理越少，服装的合体性弱一些，质地薄的面料则更容易设计出合体的效果。

1.2 服装款式设计中的点、线、面

服装款式的设计表现是用具体的点、线、面的要素成分，在局部和整体样式组织过程中，进行不同的设置添加形成的。当这些点、线、面被赋予一定的形、色、质的特征时，服装款式就相应出现悦目、别致的感觉。

1.2.1 点

点在服装中的设计体现，主要是扣饰、花饰、结饰、珠饰、花色图案等装饰形式。这些装饰在很大程度上完善着服装的结构，点缀着服装本身。纽扣因为功能和美观的需要，才成为服装中最常见的"点"的装饰。"纽扣点"的大小及数量的选择，多是根据设计的构想和需要而加以控制的。一般情况下，形状大的"纽扣点"数量应少一些，只是适当增加服装上点缀的感觉，否则就会过于突出，喧宾夺主；形状小的"纽扣点"的数量可稍多些，使其形成系列的规模而加强在服装上的比例，不然就会因为过于单薄或含蓄而缺乏"点"装饰的效果。

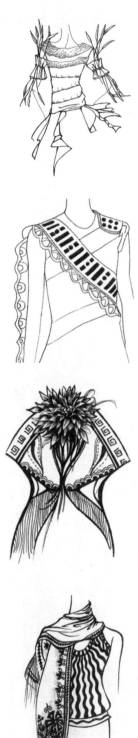

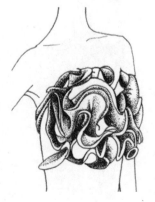

服装上的"点"还常常通过形状或图形的变化来创新款式，如将各种抽象或具象形状的扣子和图案用于纽扣装饰，进而构成新颖、别致的设计表现。那些常用在牛仔装、夹克装上的金属扣、铆钉等饰物，以及由网绳编结形成的各种系结，也同样显示有"点"的特征。

服装设计中的"点"的表现运用是多种多样的，其目的在于点缀和活跃服装款式，增加美感，但过多的装饰则会降低"点"的精彩程度，使服装的整体视觉效果凌乱。因此，设计得恰到好处的关键应该是"点到为止"。

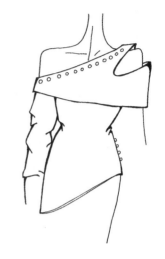

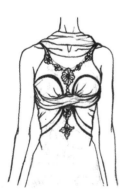

1.2.2　线

在服装中，服装的结构线、分割线、缝缉线、外形线（廓型）等都体现有"线"的特征。线在服装上的运用，不但要考虑着衣人体的结构机能和功用效果的需求，而且要考虑造型设计上的艺术化、个性化的表现需求。服装中的立体裁剪就是一种为了准确表现结构，使服装更显合体，并在满足人体活动需要的同时兼具装饰性的造型手法。

服装中的外形线就是与人的肩、胸、腰、臀等部位接触而构成的服装轮廓。那些著名的 H 型、T 型、Y 型、A 型、X 型、V 型、O 型等一系列的造型轮廓类型，都曾是轰动一时的经典款型，也成为一些服装设计大师的标志性作品。服装的内形线是由领型、门襟、口袋、结构、分割、缝缉、装饰等要素构成的服装内部线形，比颇受限制的轮廓外形更易于在款式变化中发挥作用，一些新颖的设计产生恰恰是由对各种内部线形的不同放置而实现的。

　　线所具有的粗细、长短、方向的特性，是形成服装款式变化的重要原因。细长的线显得纤细、柔软，粗短的线则显得相对有力、坚硬；直线挺拔有力，曲线柔和生动。在直线的分类中，竖直的线显得直率，横线有平衡感，斜线显得活泼，而各种带有曲度的线则分别具有缓慢、急剧、流畅、柔顺之感。直线的特点，使其多用于男装的设计上，以表现男性粗犷的阳刚之气，曲线多用在女装上，以显示女性细腻的纤柔之美。直线与曲线的组合也是服装款式中常见的表现形式。

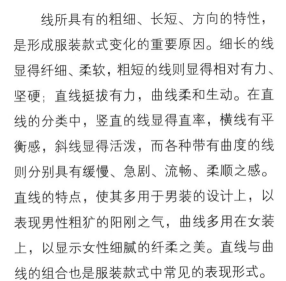

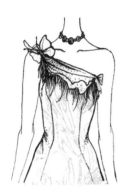

1.2.3 面

　　服装款式设计中的面是通过具体的领型、袖型、衣身、口袋以及结构线的分割等来体现的，各种线形、色彩、质地的形量组合，也就形成了各种款式的服装。由直线和曲线相组合的服装外形中，一般应与直线或曲线组成的服装内形的各个局部相协调。例如：直线型的服装轮廓与直边的口袋、硬朗的结构相匹配，在视觉上就会有利落的感觉。但在整体协调的基础上制造一些局部的变化，将口袋底边两端的方角变为圆角，直角的衣摆变为圆摆，就会增加服装的生动感。服装中，面的构成不同决定着服装的性格特征。

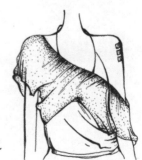

　　点、线、面的组合运
用构成了服装的整体。点、
线、面组合搭配的合理性
就是服装设计成败的关键，
服装设计师就是要将这一
平面的设计语言运用到三
维的服装设计中去，进而达
到装饰、美化服装的目的。

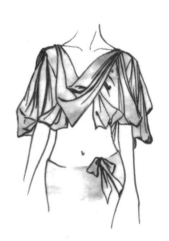

Part 2

服装款式的局部设计

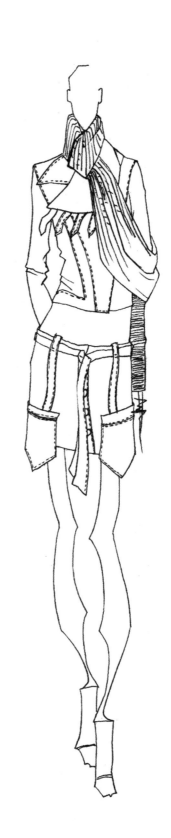

2.1 领子设计

领子是服装款式设计中的关键部分，在形式上，有着衬托脸型和突出款式特点的作用；在功能上，有防止风沙、灰尘进入服装内部，从而起到卫生、清洁的作用。领子在冬季可以抵御寒冷，在夏季则有透气、散热的功能。领型因用途和视觉效果的不同，可分为有领和无领两大类。在现实设计中，领子的设计应针对穿着者的要求及服装款式的色彩、面料等具体情况来考虑。利用领子的大小、高低、长短、宽窄和各种领型、领角、领边的变化，形成不同的衣领式样。另外，领子的推陈出新也常常需要在其细微处进行设计变化，像领子的层叠、花边、明线装饰，以及不同色彩、面料的拼接组合等。

2.1.1 有领设计

有领是指领围线（沿颈根围量一周的围度）和领型线（领子的外轮廓线）的综合设计，它包括立领、结带领、翻领、趴领、驳领等。

立领

立领是指将条形的领面立于领围线上，环绕颈部一周，具有围领的感觉。立领的特点是稳定、严谨、挺拔。由于领口封闭性较好，因此具有防风、保暖的功能，多用于秋冬服装的设计中，也常见于礼服、制服的设计中。

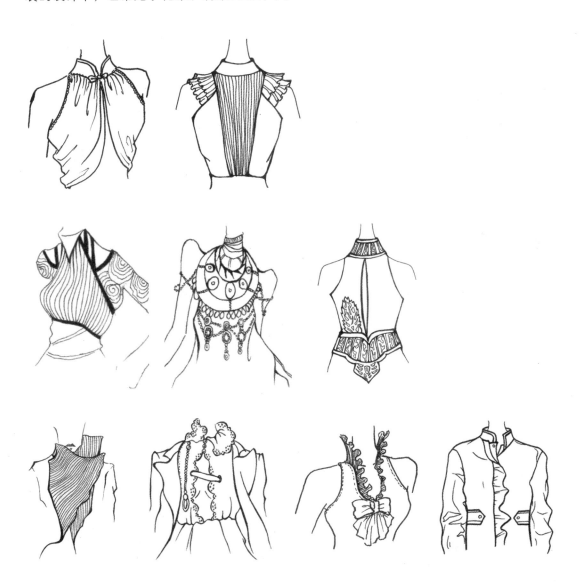

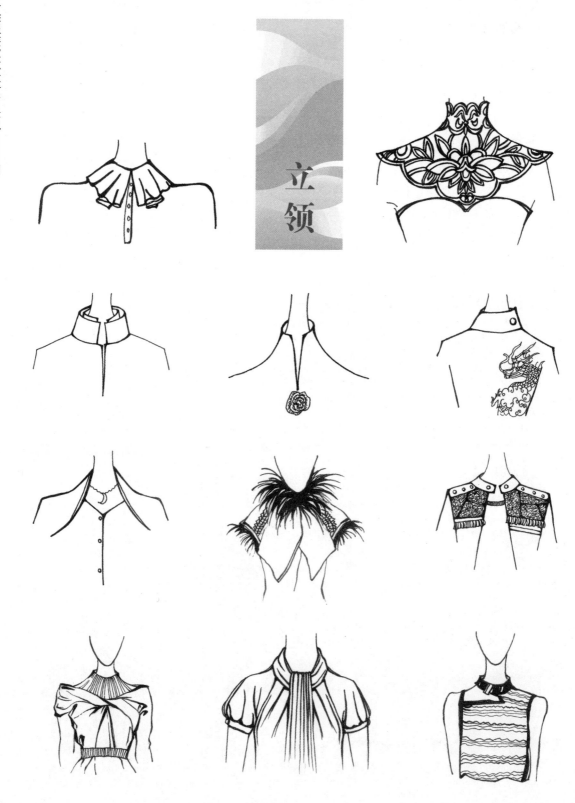

立领

结带领

　　结带领是将条形的领面加长，绕颈部一周后打结，并将剩余部分系成各种形状，飘带可长可短、可宽可窄。结带领具有活泼、天真、浪漫之感，极富装饰性，常见于童装和女装的设计中。

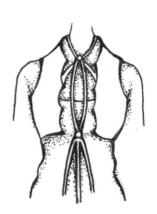

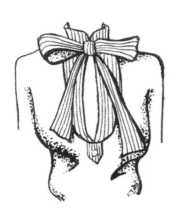

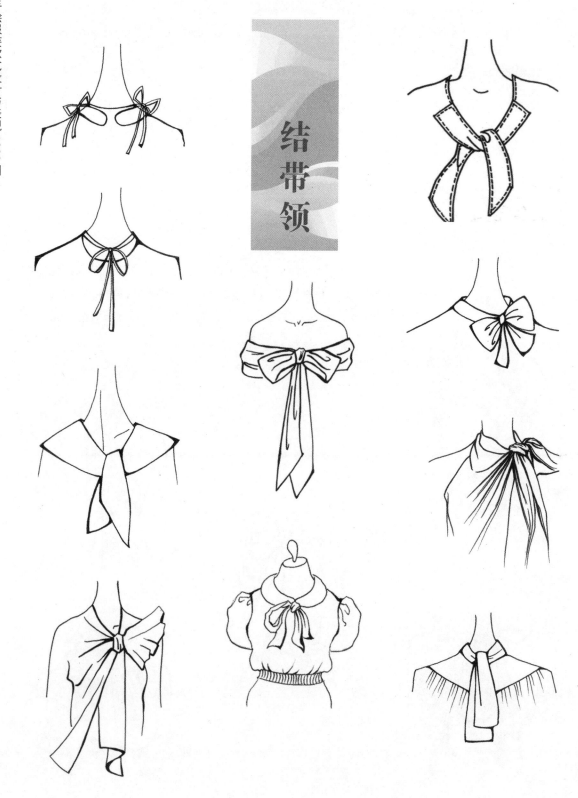

结带领

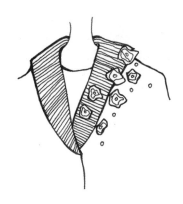

翻领

翻领是由于领面向外翻折而形成的领形，具有很强的装饰效果，其外形多受时装潮流发展影响，设计者可以发挥自己丰富的想象力进行设计。

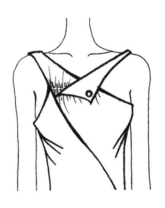

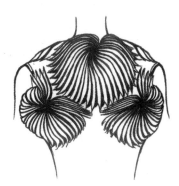

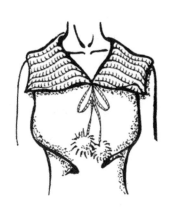

翻
领

趴领

趴领是指领围线随领窝形状而变化，它没有领座，但其领形线平贴于人体的肩部，使造型看上去舒展而柔和。常见的趴领类型有圆趴领、方趴领和水手式趴领，其款式特点是给人以服帖、稳定之感。

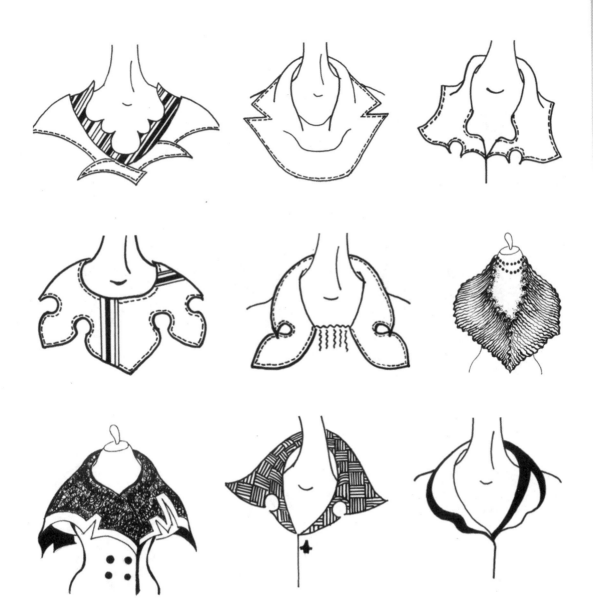

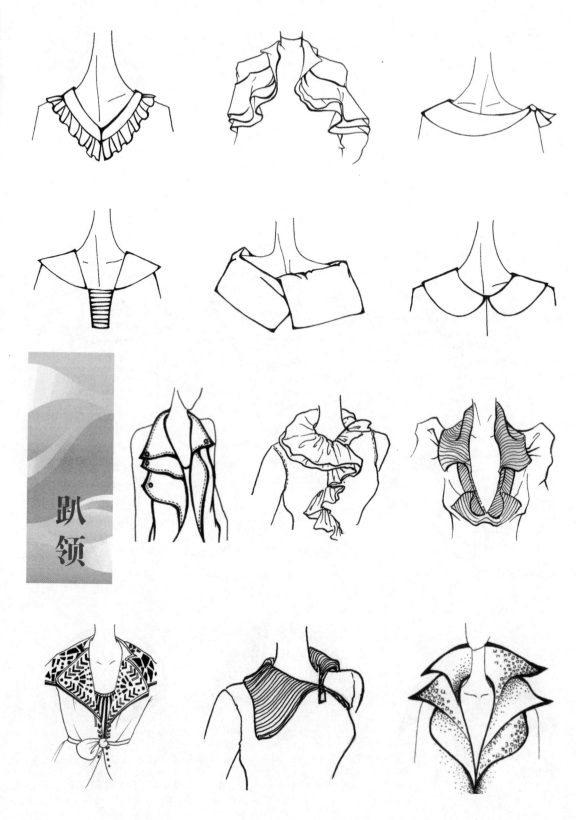

趴领

驳领

驳领是一种衣领和驳头相连，并一起向外翻折的领型，它由领座（底领）、翻领和驳头三部分组成。驳头是指翻领的款式和衣身门襟相连接的部位。驳领结构复杂，工艺难度大，常用于高档西装的设计中，其中平驳头、短驳头的传统西装最为常见。

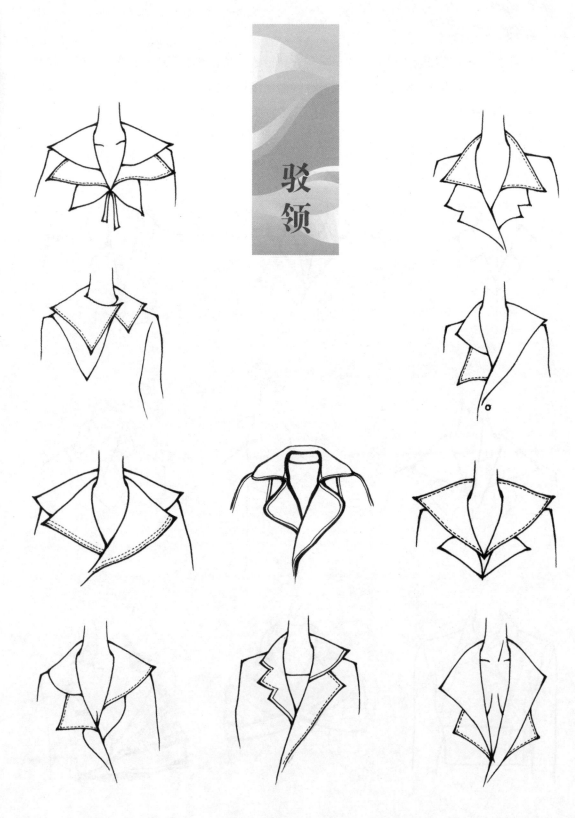

驳领

2.1.2　无领设计

　　无领是指没有领形线而只有领围线的丰富变化，它多用于夏季服装造型上。无领设计包括圆形领、尖形领、方形领的变化。无领在工艺上的处理比较简单，但它们可以任意地变化组合，并与褶、结、袢、带等工艺结合，进而形成各种风格的领型变化。在女装中，也可以直接将领开深到胸围线处，这种设计常见于礼服的设计中。

圆领

　　围绕颈根部成圆弧形的一种领围线，其特点是圆顺、服帖。圆领也可以开至人体的肩端处，形成一字领的造型。

圆领

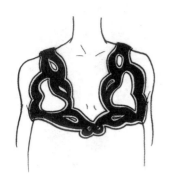

V 型领

V 型领又称尖领，是指领围线在颈窝点下方呈 V 型，常用于鸡心领毛衣、马甲的设计，具有舒适、轻便之感。

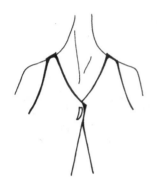
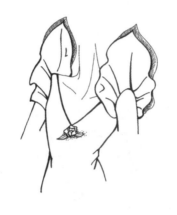

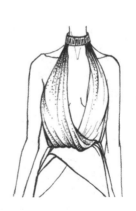

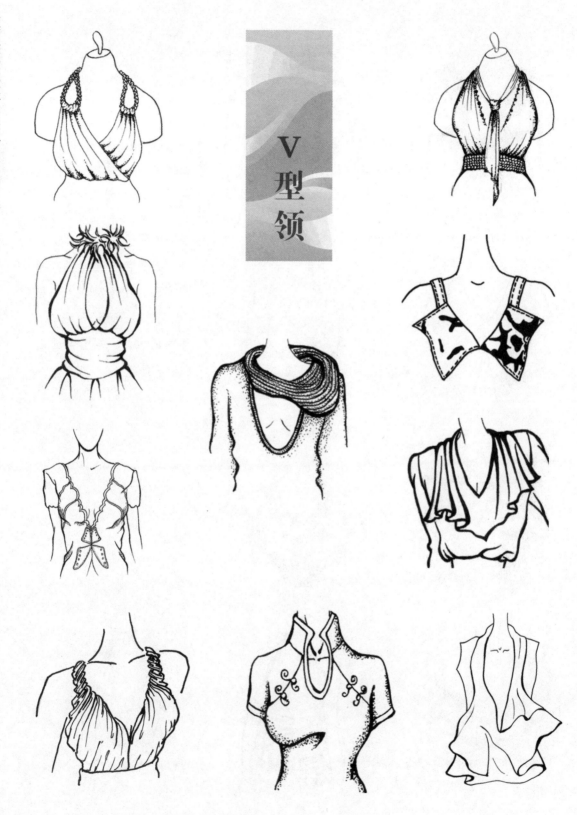

V 型领

方领

方领是指领围线在胸前呈现梯形的设计，并且可以通过改变其宽窄、长短来打造出菱角型、六角型、方坦型等风格，它多用于女夏装的设计中。

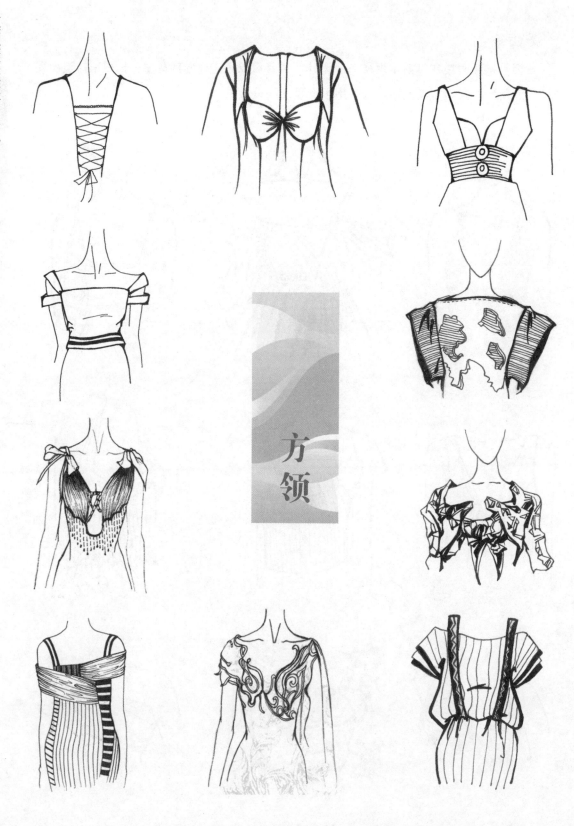

方领

2.2　袖子设计

　　袖子也是构成服装的重要部分，涉及式样和功能两方面。它的设计重点主要是袖窿的大小、袖山的高低、袖子的宽窄变化及袖口的松紧变化。袖子作为整体服装的局部，其式样显然要受流行趋势、人自身的客观条件和主观意识的影响而寻求变换。其中，衣袖的简单与复杂、宽大与窄小、长与短的设计形式，都是在对审美性与实用性的密切关联中把握形成的。衣袖样式的不断翻新无非是其外形和内形的设计变动所致。外形多体现在自然形与人为形的袖样设计上，如前者为羊腿袖、马蹄袖、西瓜袖、郁金香袖等类型，后者为西装袖、插肩袖、和服袖的样式。内形则表现在运用直线和曲线组成的结构线及装饰线的设置，以及像附加的口袋、扣袢等细部的设计上。

　　袖子的设计大致包括袖型的设计，袖山和袖窿的设计，袖口的设计和袖子的长度设计。在袖子的袖山、袖窿、袖口等部位进行设计或添加制造细节变化，能设计出丰富多样的袖子款式。

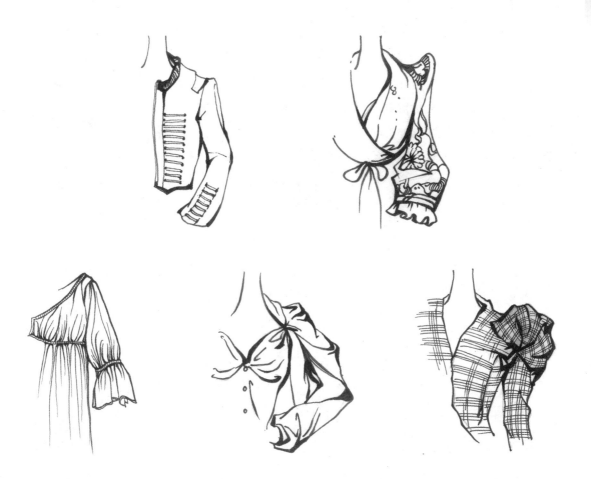

装袖

衣片和袖片是根据人体的尺寸分别裁剪，然后将袖窿与袖山对应拼装缝合，缝合线位于肩端点上，多用于合体服装的设计。这类袖子造型圆润、优美，但穿着时，手臂活动不如其他袖子灵活自如。

装袖

过肩袖

袖窿和袖山的缝合线位于肩端点 1 ～ 2cm 之间，比装袖随意一些，多见于时装的设计中。

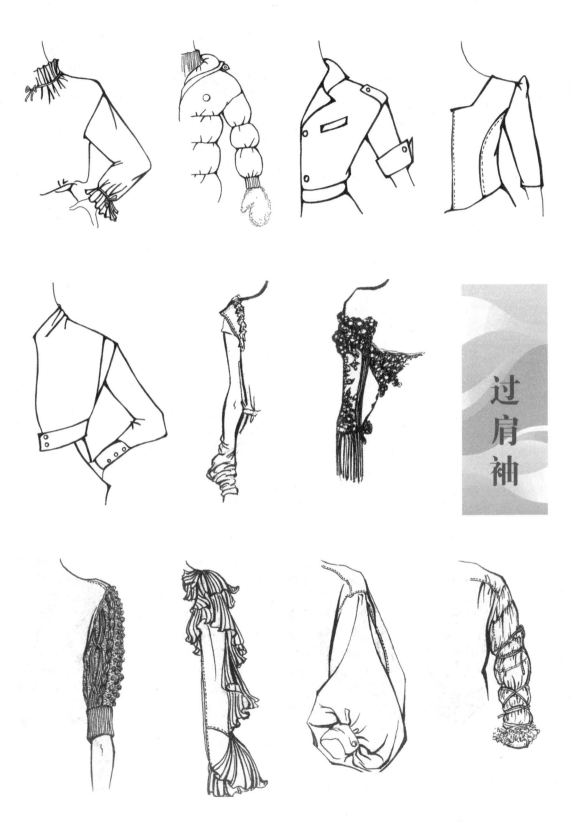

过肩袖

连袖

连袖又称中式袖或和服袖，是我国历史上出现最早的一种袖型，由衣身和袖片连成一体裁制而成。这类服装通常肥大、不合体，在袖窿处有堆积的褶皱，却很舒适，多见于休闲装和老年服装的设计中。

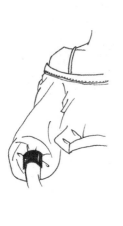

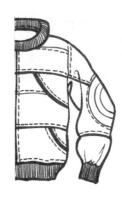

连袖

插肩袖

插肩袖的袖窿较深，袖山一直连插到领围线上，使肩部与袖部连为一体，不仅在视觉上增加了手臂的修长感，穿起来也较为宽松、自由，常用于运动装的设计中。

在袖子的各个部位添加细节变化，也往往代表了服装特有的款式风格。例如，在衣袖的上部、中部、袖口及其他部位，使用扣结、系带、加袢、挂缀、绣花、补花、拼料、拼色等各种形式手段，能够轻松设计出带有生动趣味的新颖袖款。

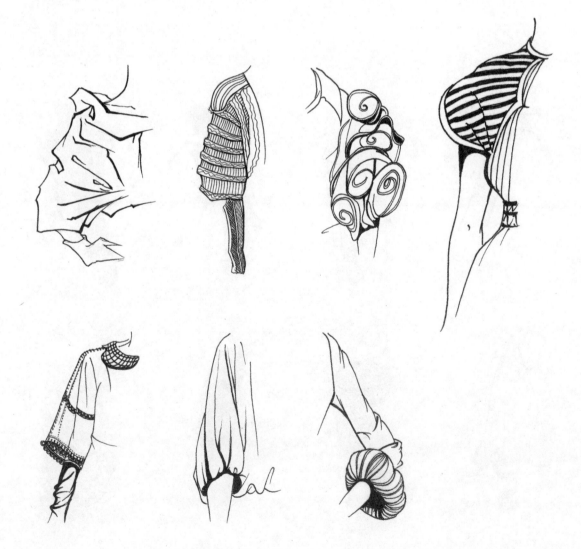

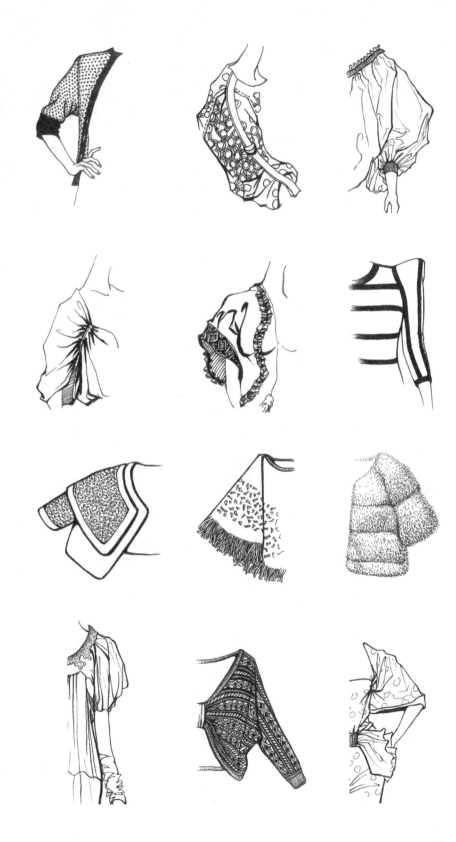

插肩袖

2.3 口袋设计

服装中口袋的设置多以实用为目的，而口袋对服装款式的视觉影响又使其增加了装饰的性质。在现代服装设计中，口袋在职业装中出现得多一些。有时，为了服装的合体性和服装制作方便的需要，可以省略口袋的设计，口袋作为装饰的成分要大于其实用的成分。仅仅做出口袋的造型来作为装饰并没有实际的意义，但可以增加服装的情趣，成为服装款式中的一种时尚元素。

按工艺制作的不同，口袋大致分为挖袋、贴袋和插袋三种。

挖袋

挖袋又称暗袋，在衣片上剪开袋口，袋口处以面料包边固定，内衬袋里，既实用又隐蔽，多分为单开线挖袋、双开线挖袋和袋盖式挖袋三种。挖袋常用于对较为正式的服装的设计中，如高级成衣的设计与制作。挖袋的制作对工艺的要求很高，要做到平整、服帖。

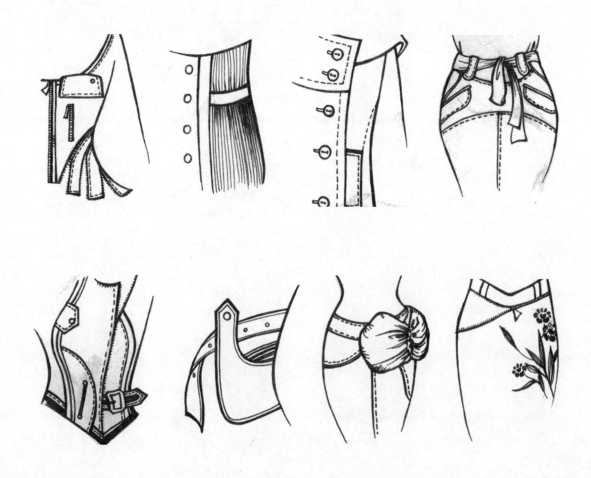

贴袋

贴袋又称明袋，是将面料裁剪成一定形状后直接缝制在服装上，既美观又制作方便。贴袋可以是直角贴袋、圆角贴袋、多角贴袋等，也可以加褶或加盖。它常用于男装、猎装、牛仔装、童装或休闲服的设计中，是服装装饰的一部分。

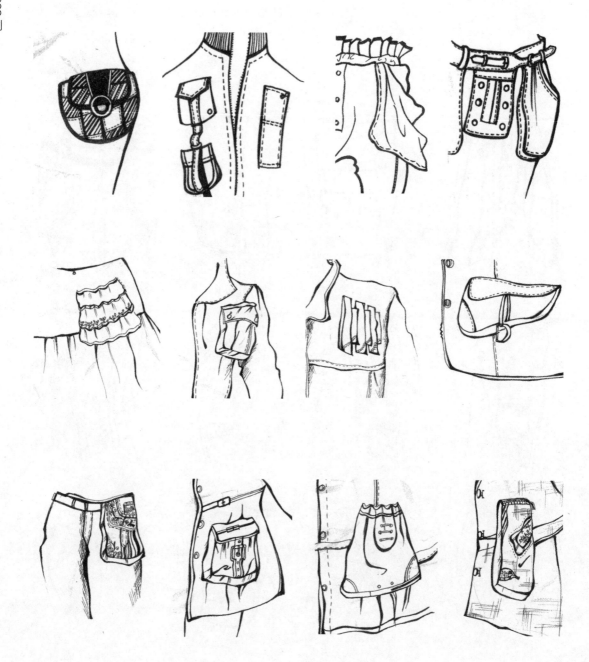

贴袋

插袋

在服装的接缝处留出口袋，这是服装款式设计中最常用的一种口袋设计方法，既朴素又实用。插袋通常设计在省道、侧缝、公主缝等处，裤子左右裤缝上也多用插袋，便于隐藏。口袋设计还可以利用包嵌、抽褶、加袋盖、系扣、加拉链、缉明线等不同装饰手法，从而形成各式各样的袋形。

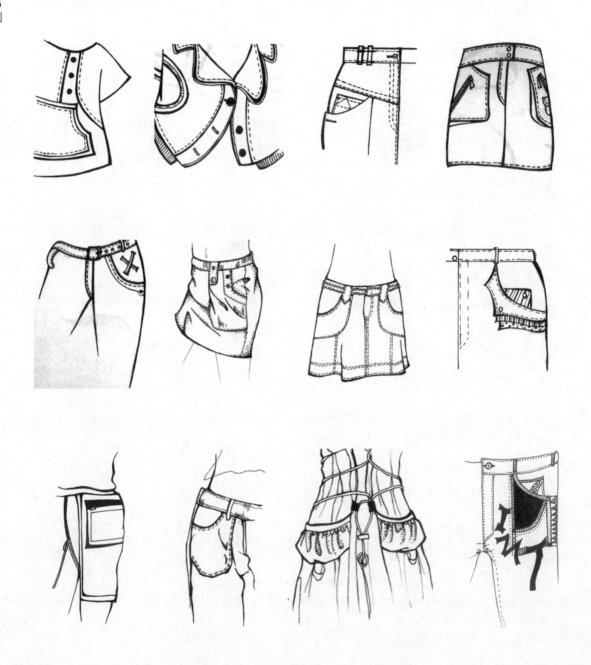

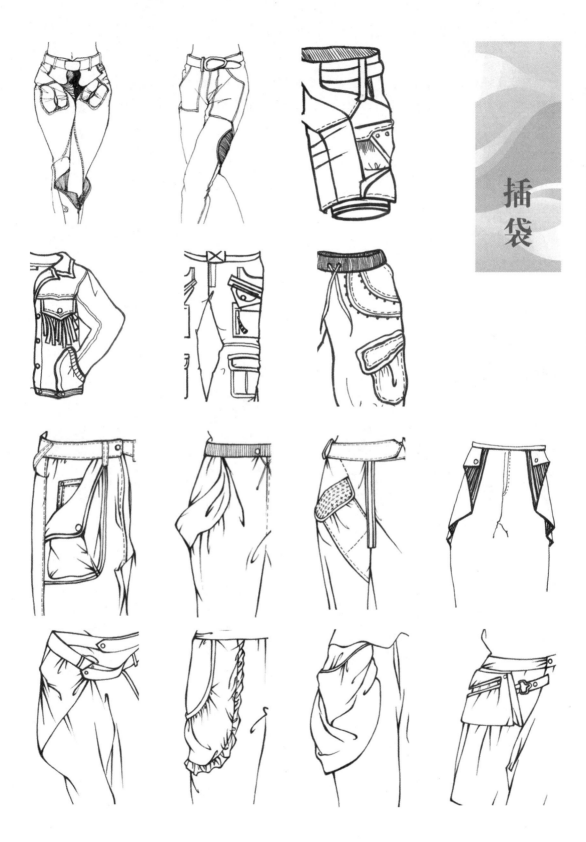

2.4 门襟设计

为了穿脱方便，衣服必须在衣片与领口相接的前部、后部或肩部留一开口，通常主要选择服装的前部作为门襟的开口位置。门襟除了扣合服装外，还具有美化服装的重要用途。门襟多设置在显眼处，其设计需要特别谨慎，尤其是当门襟需要强调某种装饰特征时，这种特征又在服装的其他部位出现并与之形成呼应，就成为表现整个衣款式样的要点。根据所设计的长度不同，门襟可以分为半开襟和全开襟的类型；根据所设的位置不同，门襟可形成正开襟式和偏开襟式；另外，一些扣结，包括明扣（单排扣、双排扣）、暗扣、拉链、绣贴等设置，再配合上各种材质、色彩的组合添加，利用绣贴、补缀、镶嵌的手法制作，也会使服装的门襟展现出个性独特的设计效果。

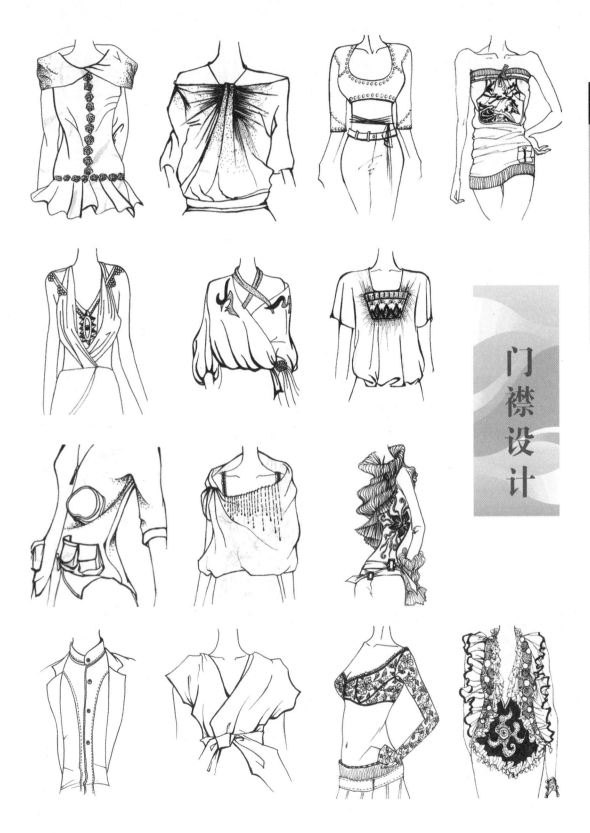

门襟设计

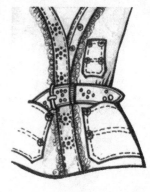

2.5 腰胯设计

  腰胯是最能突出女性柔美曲线的地方，也是视觉的中心点，成功的腰胯设计能起到丰富和美化服装款式的重要作用。设计者可以针对服装本身进行设计，如加腰襻，进行服装的腰节线处理，也可以在服装以外的装饰物上通过镶、嵌、绣、贴、缀等手段制成的图案、花边、流苏等充分表现细部特征，进而制造回味无穷的视觉效果。

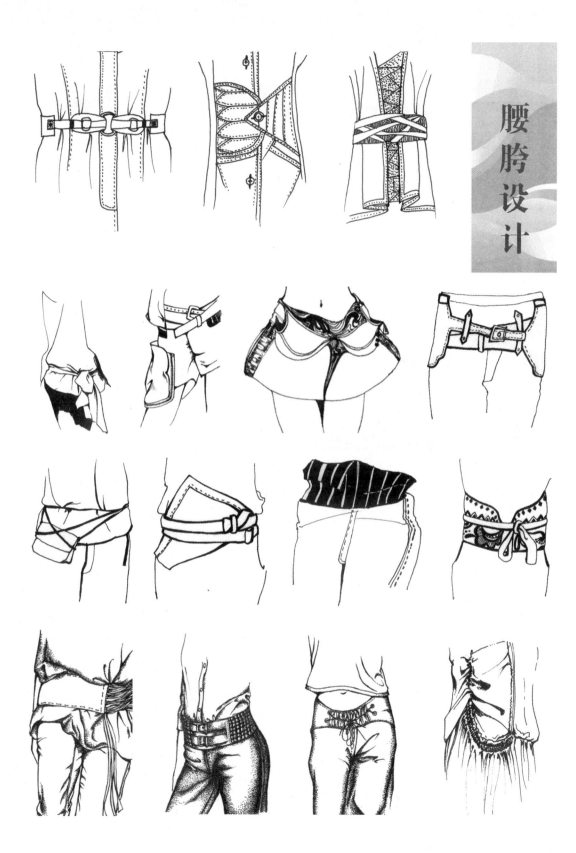

Part 3

服装款式的组合设计

3.1 女装

3.1.1 上衣

女式吊带/背心

女式吊带/背心把人体曲线和生理机能相结合，是具有休闲感和动感的时尚单品。女式吊带/背心穿着舒适、贴体、透气，更具有凸胸、收腹、提臀等功能，是夏日服装中的基本款。

设计要点：女式吊带/背心属于无领、无袖的设计，可以进行变化的部位有局限性，除了服装长短的变化外，就是在肩带上进行设计。肩带的宽度和材料可以有变化，背部也可采用露背的设计。

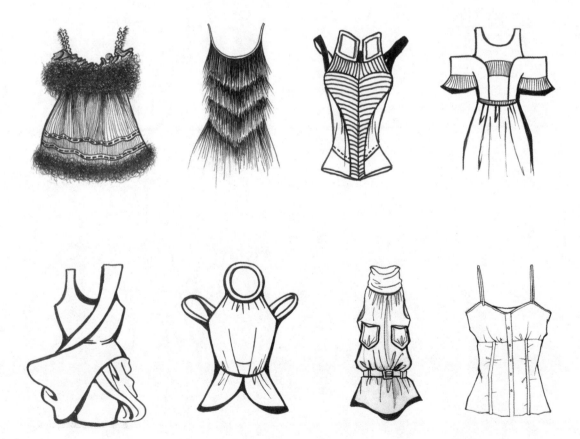

女式吊带／背心

女式 T 恤

　　女式 T 恤的结构设计简单，其设计变化通常是在领口、前胸上进行一些色彩、图案的变化，可增加腰部曲线的设计，面料上通常采用纯棉材质，是夏季服装中常见的单品之一，可以同各类服装自由搭配，穿出流行的式样和不同的情调。

　　设计要点：女式 T 恤可以在领口和袖口部位拼接一些其他材质的面料，如蕾丝，可以增加女性的妩媚气质，前胸的图案可以是一些色彩明快、艳丽的图案，同时可以辅以烫钻、刺绣等工艺，进而展现出不同的设计风格。

女式T恤

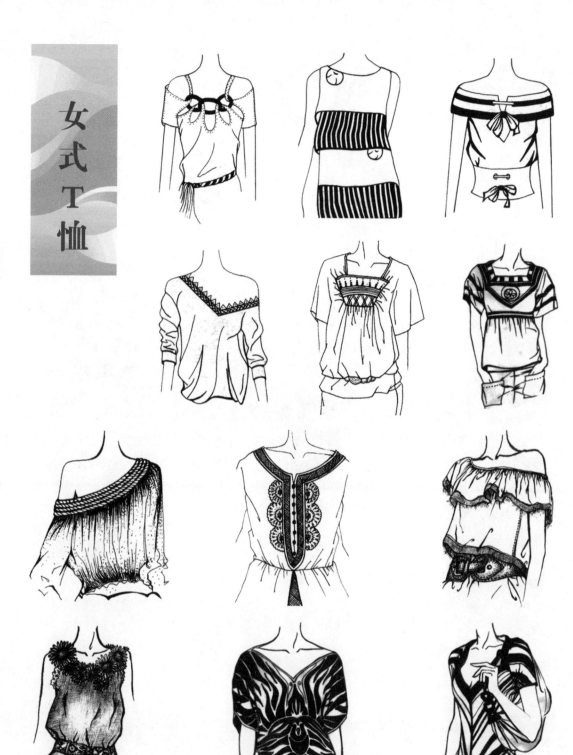

女式T恤

女式衬衫

根据场合不同，女式衬衫可分为正装衬衫和便装衬衫。正装衬衫剪裁合体，在款式设计上突出女性的曲线美，适合职业女性上班时穿着；便装衬衫多用于非正式场合穿着，面料以舒适为主，款式上富有变化。

设计要点：正装衬衫在设计时要注意突出女性的胸线和腰线设计，要在保持干练的同时保持女性特有的柔美。便装衬衫可塑性大，领型可以不局限于小翻领设计，结带领、立领等都是不错的选择，衣身可以宽松、飘逸一些，省道可以转换成褶裥、花边等。

女式衬衫

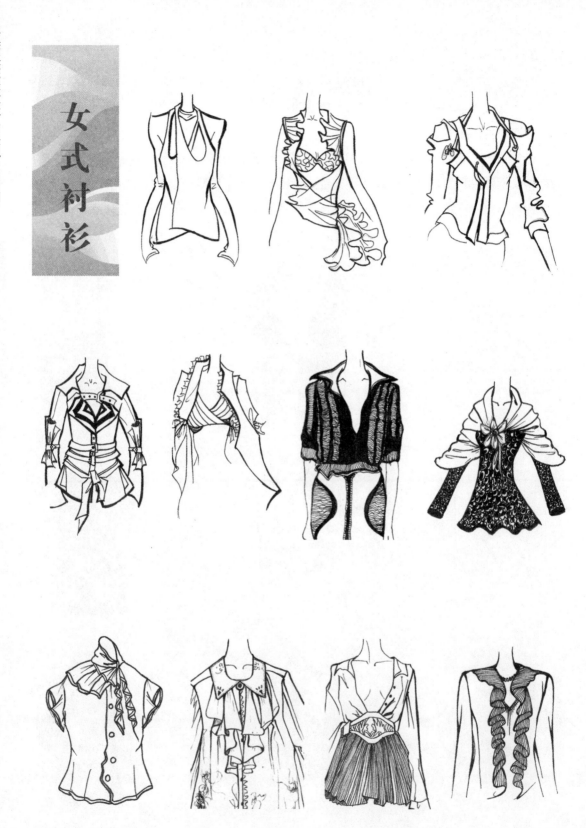

女式衬衫

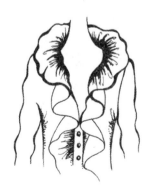

女式打底衫

女式打底衫就是穿在文胸外面，具有一定紧身和塑型效果的衣服，夏天和冬天都有打底衫，面料包括棉、羊绒、莫代尔等一些舒适性较强的材质，适合贴身穿着。

设计要点：由于打底衫是贴身穿的服装，通常外面会再与其他类型的衣服来进行组合搭配，所以露出来的部位不多，设计重点可放在领子、袖口、下摆部位，这样搭配外套时可以展现出丰富的层次，增加节奏感。

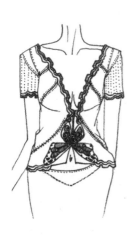

女式打底衫

女式针织衫

针织衫就是利用织针将无数的线圈勾连起来，编织成服装成品。另外，也可以用现成的针织面料来进行设计，这类服装质地松软，有良好的抗皱性与透气性，并有较大的延伸性与弹性，穿着舒适。

设计要点：受材料特点所限，针织衫通常不太合体，没有省道，以休闲风格为主，多采用套头式或开襟式，可以选择一些特殊的花纹进行编织，也可以用其他材料作为装饰。

女式针织衫

女式卫衣

女式卫衣属于日常休闲服饰，一般采用加厚的针织面料制作而成，衣身宽大，袖口和衣服的下摆多采用紧缩、有弹性的罗纹面料，有保暖和收身的效果，是春秋装中的必备品。女式卫衣的款式有套头式、开襟式等，融合舒适性与时尚感，是休闲运动的最佳装备。

设计要点：女式卫衣在样式上同男式卫衣区别不大，通常只是号型的大小差异，可以是带帽式设计也可以采用无帽设计，注重色彩和图案的变化，可以在帽子和袖口处进行一些设计和装饰，进而增强服装的辨识度。

女式卫衣

女式卫衣

3.1.2 裙装

连衣裙

连衣裙以其变化莫测、种类繁多的款式而深受各个年龄段女性的青睐。凡是在上衣和裙体上变化的各种因素几乎都可以组合构成连衣裙的样式。另外，还可以根据造型的需要，形成各种不同的轮廓和腰节位置，如可以组合为直身裙、A字裙、露背裙、公主裙、迷你裙、吊带连衣裙等。

设计要点：连衣裙可根据年龄段和季节的不同来进行设计，如儿童连衣裙可以提高腰节线，年轻女性可以凸显腰部线条，呈X型的曲线设计，中年女性则可以放开腰节线的设计，呈H型的结构设计。夏季连衣裙采用短袖或吊带的设计，春秋季则可以收紧领部和袖口，起到防风和保暖的效果。

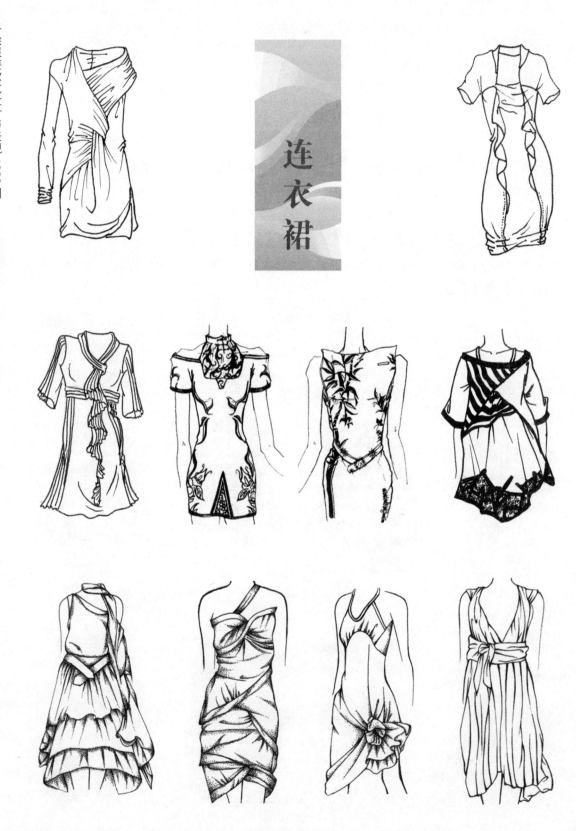

连衣裙

连衣裙

连衣裙

半身裙

半身裙是指只有腰部以下的裙体部分，其长度多在膝盖附近，有直身裙、斜裙、节裙等，属于中规中矩的裙型，适合职业女性或性格温婉的女性穿着。直身裙又称适体裙或西服裙，是一种很合体的裙型设计；斜裙包括一片裙、两片裙、四片裙、八片裙等；节裙是指按节划分的裙型。

设计要点：半身裙的设计重点在于设计。高腰设计可以修饰丰满的腹部，也可以提高腰线，从整体上拉高人的身体比例，还可以通过各种腰带的装饰来丰富腰部的视觉效果。

半身裙

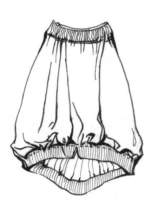

半身裙

半身裙

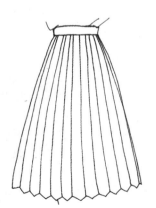
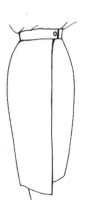

短裙

短裙是指长度至大腿中部的裙型，其中包括超短裙，也称迷你裙，长度至臀沟，腿部几乎完全外露，这种裙型开始流行于 20 世纪 80 年代，是新女性解放的产物，现在多在少女装和运动装中出现。

设计要点：短裙可以采用高腰式或无腰式，无腰式短裙可以直接从胯部开始设计，裙身可以选择包臀式或 A 字裙型，可在裙上打褶或用扣子等设计元素来进行修饰。

短裙

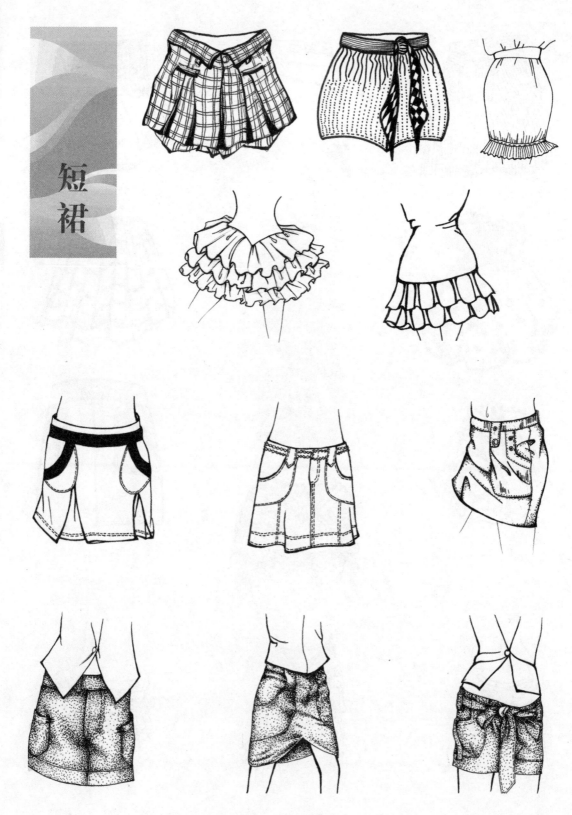

短裙

长裙

长裙是指自腰部以下开始，长度至脚踝附近的裙型。长裙类型分为修身型和敞开式。修身型的长裙通常会在左右两侧或后缝处开衩，便于行走；敞开式的长裙多为喇叭裙或百褶裙，形成上紧下松的效果。

设计要点：长裙的设计变化重点体现在裙腰部分和下摆部分，如添加镂空、绣花等装饰元素。

长裙

礼服

礼服是指在某些重大场合上穿着的庄重、正式的服装，是女性服装中档次最高、极具特色、能充分展示女性身材和个性的样式。礼服包括晚礼服、晚宴服、小礼服，常与披肩、外套、斗篷之类的服装相搭配。通常，礼服会将肩、臂、背充分展露出来，不但可以增加曲线的展示，也可以为华丽的首饰留下表现空间。

设计要点：为了强调女性窈窕的腰部曲线，可以通过增加臀部以下裙子的重量感来强调 X 型效果，重点部位采用镶嵌、刺绣、细褶、花边、蝴蝶结、蕾丝等造型手法加以修饰，给人以古典、华丽的视觉效果。

礼服

礼服

礼服

礼服

3.1.3 裤装

女式休闲裤

　　休闲裤是指非正式场合穿着的裤子，是以西裤为模板，但在面料、板型方面比西裤更加随意和舒适，穿起来显得比较休闲、随意，颜色则更加丰富多彩。

　　设计要点：休闲裤随意性较大，可以进行设计的空间也较大，如裤身的肥瘦度、口袋的数量与样式、面料的选择等方面都可以进行变化，是裤装中设计手法最为多样的一款裤型。

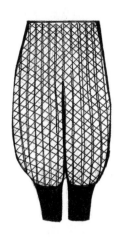

女式休闲裤

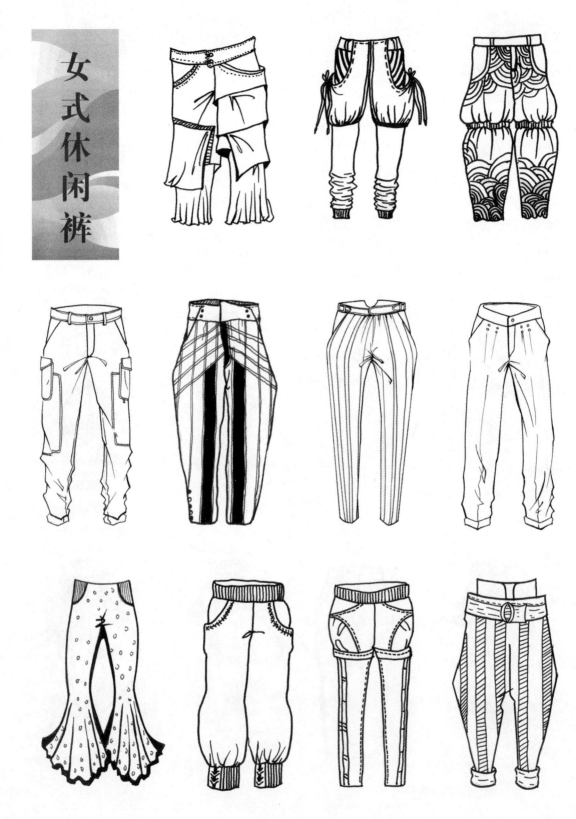

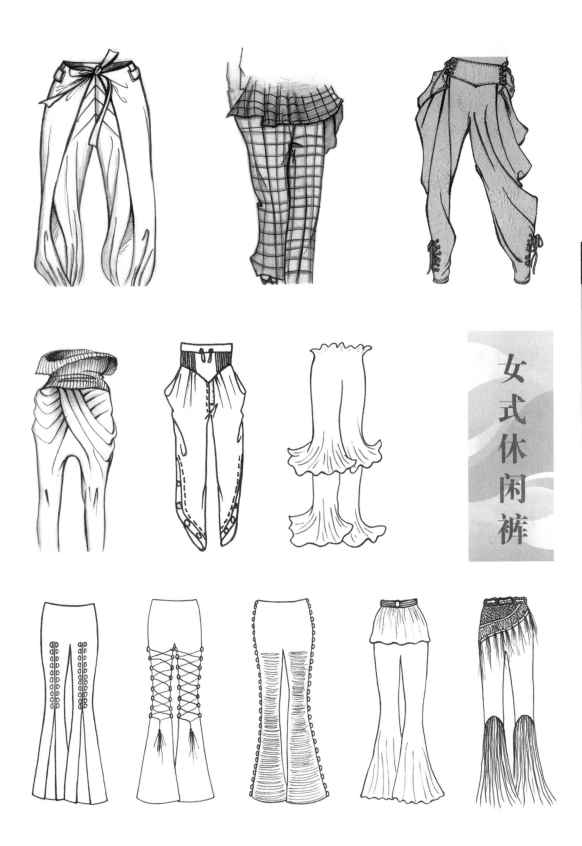

女式休闲裤

女式牛仔裤

牛仔裤是指用一种靛蓝色粗斜纹布裁制而成的长裤。现在的牛仔裤大多采用斜纹面料缝制，色彩也不局限于靛蓝色，常在裤缝沿边缉双道针迹线，多采用水洗、砂洗、石磨、猫须纹、掏洞的处理工艺，有时配以五金、皮革、针织等材质作为搭配，增加了服装的美观性，是服装中不可或缺的单品之一，被列为"百搭服装之首"。牛仔裤的板型也从最早的直筒裤发展出了修身裤、小脚裤、哈伦裤、休闲裤等多种风格。

设计要点：在牛仔裤的裤脚、裤中心线等部位都可采用点的装饰手法进行艺术装饰，所选用的点的装饰材料除传统的金属材料外，也常用亮片、流苏、刺绣、珠绣、蕾丝、贴花、羽毛等新材料。另外，设计者还可在牛仔裤的工艺上进行处理，包括印染、植绒、手绘、喷砂等，进而彰显着装者的个性。

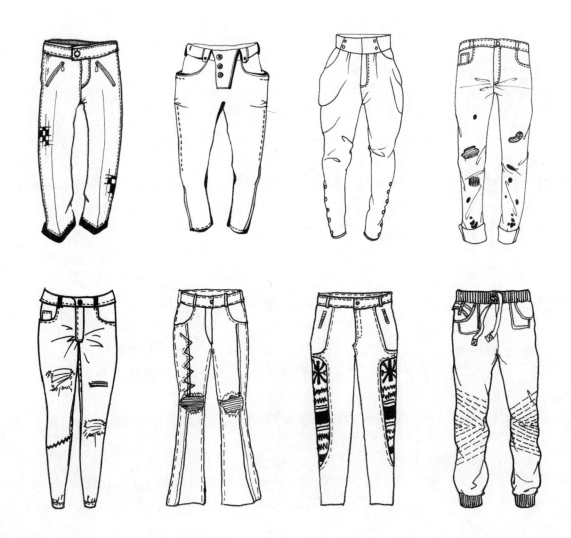

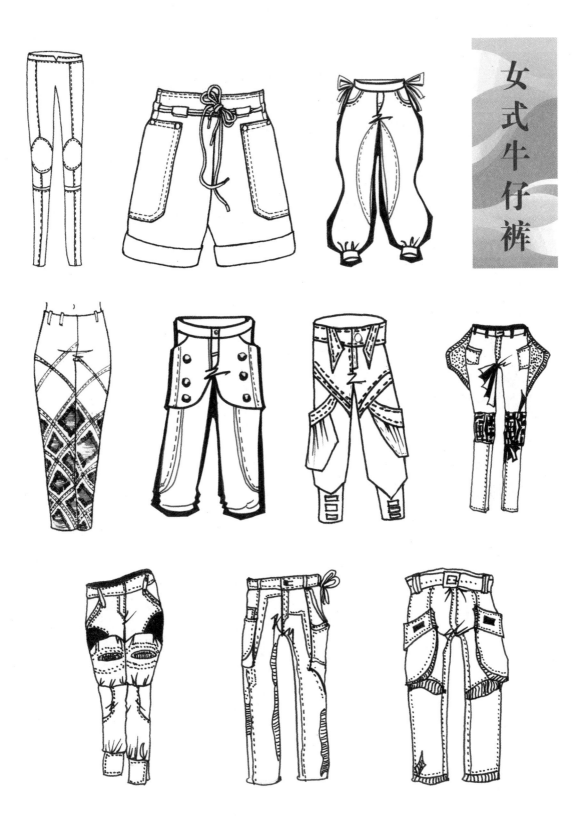

女式牛仔裤

女式连体裤

连体裤是在工装裤的基础上发展而来的，其最初目的是为了工作的方便性而将上衣和裤子连接起来，现在逐步发展成为潮服的一部分，款式形态也更加多元化，受到年轻人的喜爱。

设计要点：女式连体裤的设计重点在于腰部分割的位置，有高腰型、低腰型和标准型，重新分割的比例，可以完善女性姣好的身材。

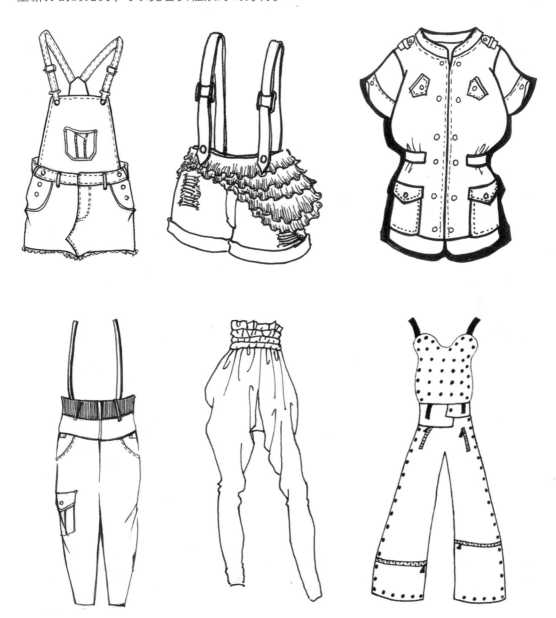

女式连体裤

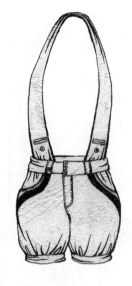

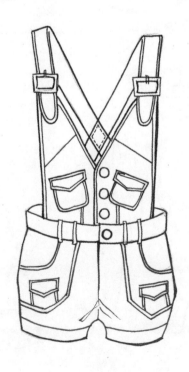

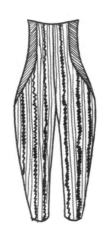

女式连体裤

女式打底裤.

打底裤是指一种较为修身的、搭配上衣或短裙穿着的女裤，一年四季都有打底裤，夏季的打底裤面料轻薄，秋冬季的打底裤面料注重保暖性，适合贴身穿着。

设计要点：由于打底裤是贴身穿的服装，通常会再与其他类型的衣服来进行组合搭配，其设计重点可放在裤口、腰头等部位，这样搭配时可以丰富服装的层次，增加节奏感。

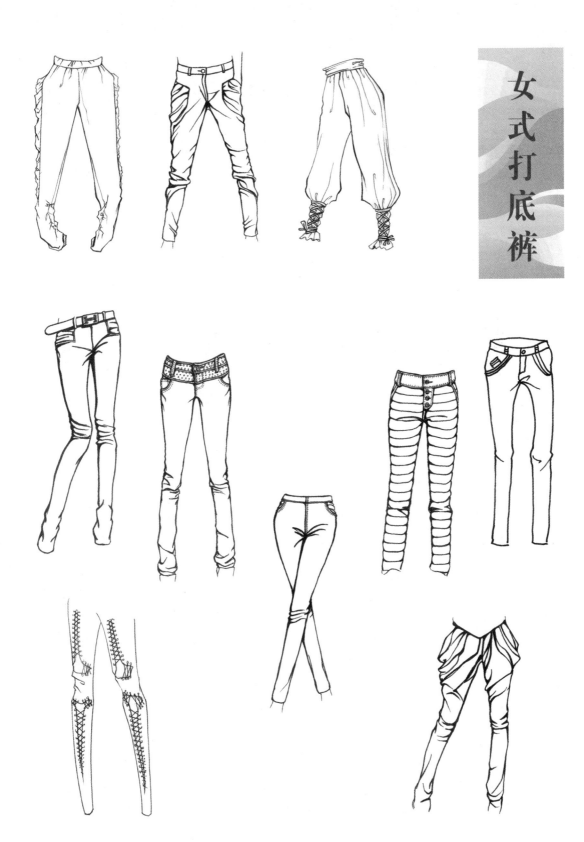

女式打底裤

女式短裤

短裤又称热裤，其长度最长到膝盖以上，主要是在天气炎热的时候和运动的时候穿着，不能作为正装，面料舒适、吸汗，透气性好。

设计要点：短裤已经不仅仅是只能在夏季穿着的单品了，在冬季，毛呢、混纺、皮革质地的短裤搭配上打底裤也是流行的服装搭配方式，款式上则有高腰、低腰、宽松、紧身的区别。

女式短裤

女式裙裤

裙裤是现代裤子类型的一种，特点是像裤子一样具有裆缝，裤下口放宽，外观形似裙子，是裤子与裙子的结合体。裙裤的式样繁多，有上窄下宽的喇叭型裙裤，有裤身宽松的灯笼型裙裤，也有前裙后裤的裙裤。

设计要点：可以在裤腰处缝松紧带，裤的侧缝下端开衩或嵌缝富有弹性的针编罗纹。裙裤的色彩丰富多变，还可以借助镶色的滚条等作为装饰。

女式裙裤

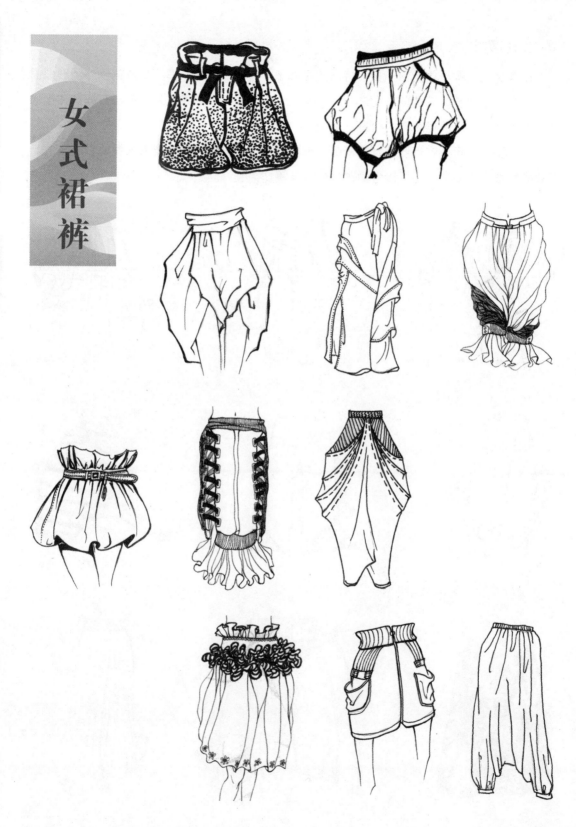

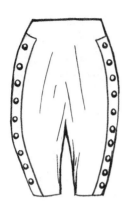   

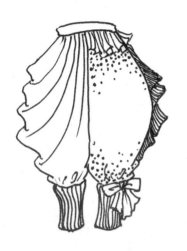

女式七分裤

　　裤长七分、长及膝下的裤子被称为七分裤，可以搭配T恤、针织衫等服装。七分裤的样式十分多样，有宽松的，有紧身的，有窄裤脚的，有宽裤脚的，面料上可选择麻、棉、化纤等。

　　设计要点：七分裤可以在腰头上进行设计变化，配上各式的腰带，呈现出不同的风格；在细节上则可以结合刺绣、印花、蕾丝花边等处理工艺。

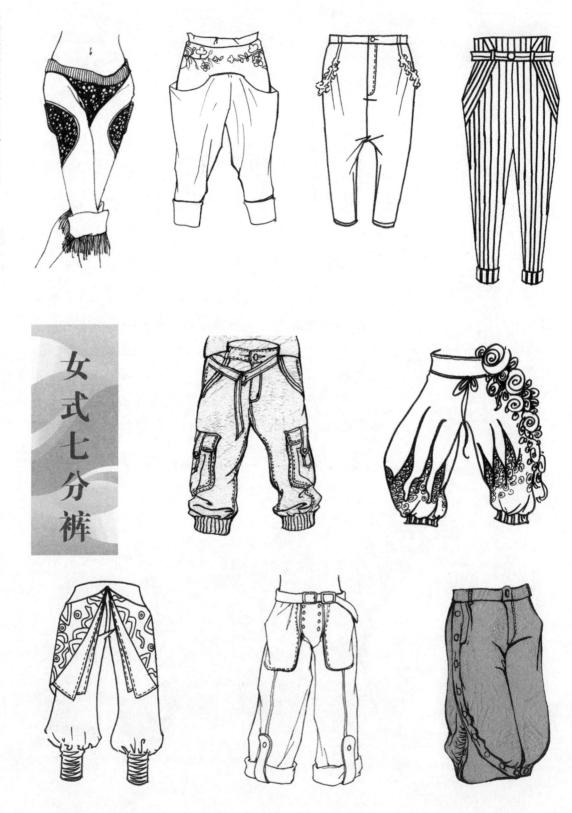

女式七分裤

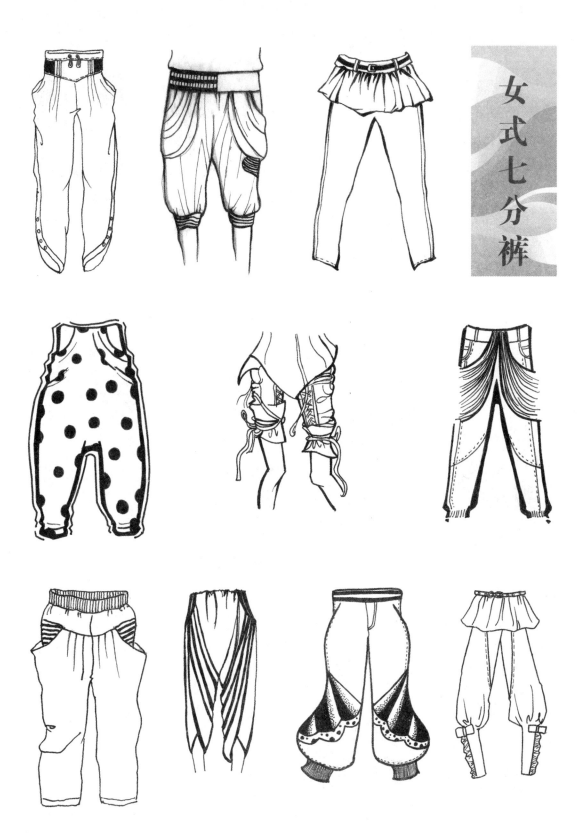

3.1.4 外套

女式西装

在日益开放的现代社会，西装作为一种衣着款式也进入到女性服装的行列，成为彰显女性独立、自信的标志，其主要特点是外观挺括、线条流畅、舒适度一般，也有人称西装为"女性的千变外套"。

设计要点：女式西装通常采用收腰型设计，翻领和驳头的大小可以随意变化，口袋数量较为灵活，门襟也不局限于直线的设计，可以是曲线或斜线设计，腰部可加入一些装饰型的设计。虽然其设计手法多样，但女式西装在总体轮廓上仍保持了西装的挺括感与简洁性。

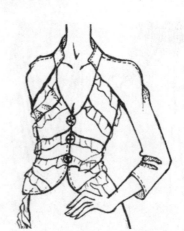

女式西裝

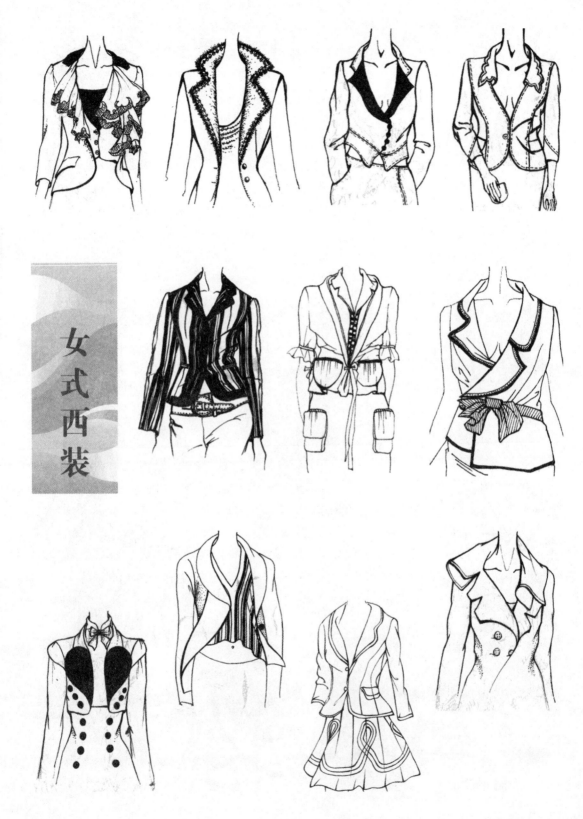

女式西装

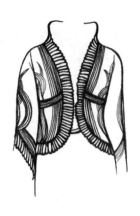

女式夹克

　　夹克是指一种衣长较短、胸围宽松、紧袖口、紧下摆的上衣。夹克的样式多为拉链式开襟的外套，现在也把一些衣长较短、款式较厚、可以当作外套穿着的纽扣式开襟的上衣称作夹克，其特点是轻便、活泼、富有朝气，受年轻人所喜爱。

　　设计要点：领口是夹克的重点设计环节，可以采用拼接毛皮、针织面料等手法来突出领型的多变性，门襟及肩部的变化可以采用扣饰、拉链、绗缝等设计元素，在起到装饰作用的同时体现出夹克的帅气感。

女式夹克

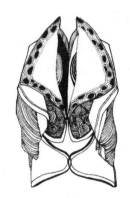
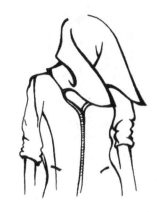

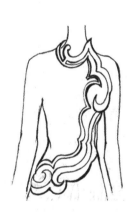

女式夹克

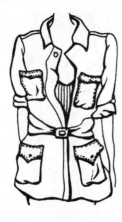

女式风衣

风衣是一种防风雨的薄型大衣，搭配长裤或中裙穿着，能够展现出女性的优雅气质，也可当作连衣裙单穿。单穿时，选择一款别致的腰带系于腰间，便能将中长风衣穿出性感味道。当搭配长裤、衬衫时，风衣便能打造出中性气质，系在风衣外面的腰带是体现时尚感的关键，为整体装扮增加了层次。

设计要点：风衣有明显的腰身，下摆较宽，比大衣造型简洁、灵活，多用软线条分割，过肩在分割中属于横线分割，可以突出肩部的线条，显示穿着者干练的一面。

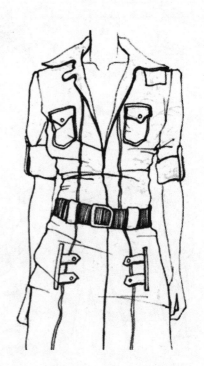

女式风衣

女式风衣

女式大衣

　　大衣是穿在最外层的服装，可作为保暖或抵挡雨水的用途。大衣的体积一般较大，衣长至膝盖以下，多为长袖，在穿着时可覆盖上身的其他服装，其开合方式多为纽扣或者拉链。

　　设计要点：大衣的长度多为从膝盖到小腿附近，袖长也可采用七分袖，领型多变，有立领、大翻领、小翻领等，有些衣领和袖口还缀以丝绒或毛皮，在廓型上则可以采用 X 型、H 型、T 型、O 型等。

女式大衣

女式大衣

女式大衣

女式休闲装

休闲装，有别于严谨、庄重的正装，俗称便装。休闲装是人们在无拘无束、自由自在的休闲生活中穿着的服装，强调简洁、自然的服装风格。女式休闲装一般可以分为前卫休闲、运动休闲、浪漫休闲、乡村休闲等。

设计要点：休闲装以舒适性为前提，款式不需要非常合体，要留有一定的活动空间，肩部可采用过肩、插肩的设计，衣服下摆以不超过臀围线为宜，面料要舒适，花色可丰富多彩。

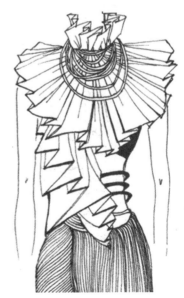

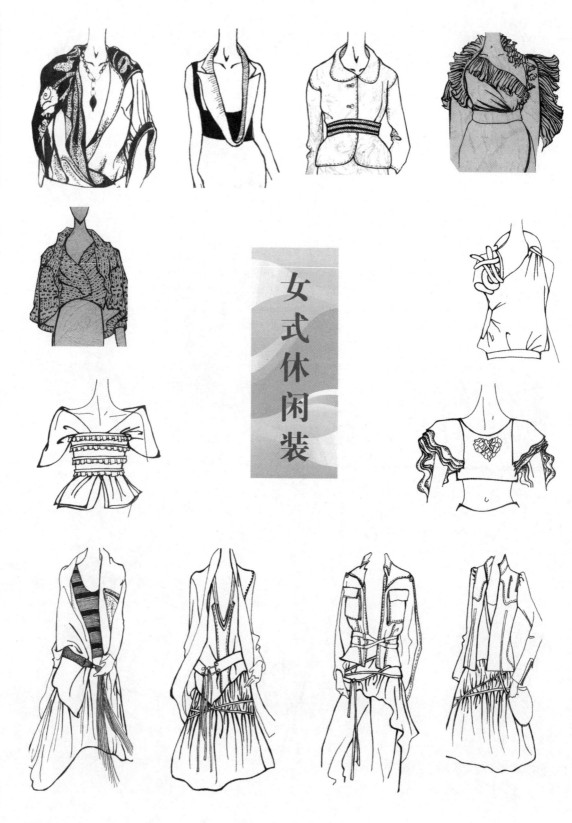

女式休闲装

女式休闲装

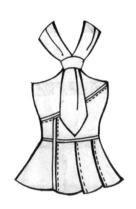

女式马甲

马甲就是无袖的外套，女式马甲不需要搭配正装，所以在设计上不会紧贴身体，通常搭配衬衣或者Ｔ恤穿着，是春秋季的首选服装类型。女式马甲的面料可选择性大，基本上所有的材料都可以作为女式马甲的面料。

设计要点：马甲无袖，所以其设计重点应该放在领型的设计上，尖领、圆领都适合作为马甲领型，衣长在腰部以下到膝盖以上的范围内即可，花色、材料的选择上可根据设计的需要添加装饰元素。

女式马甲

女式马甲

女式牛仔服

　　牛仔服就是以劳动布缝制的服装，经常与铜扣进行搭配，以其坚固耐用、休闲粗犷等特点深受人们喜爱。虽然牛仔服的整体风格相对模式化，但其细部造型及装饰则伴随着流行时装的周期与节奏不断演绎和变化。

　　设计要点：在女式牛仔服装造型中可通过石洗、漂洗、打磨等手法将牛仔布的靛蓝色洗白，进而达到仿自然旧的装饰效果。另外，牛仔服还可以结合镶嵌、拼接、流苏、刺绣、镂空、钉珠、钉铆钉、编织、蕾丝等装饰元素的运用，不仅起到了固定服装的作用，而且达到了装饰服装的效果。

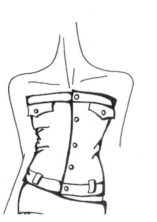

女式牛仔服

女式牛仔服

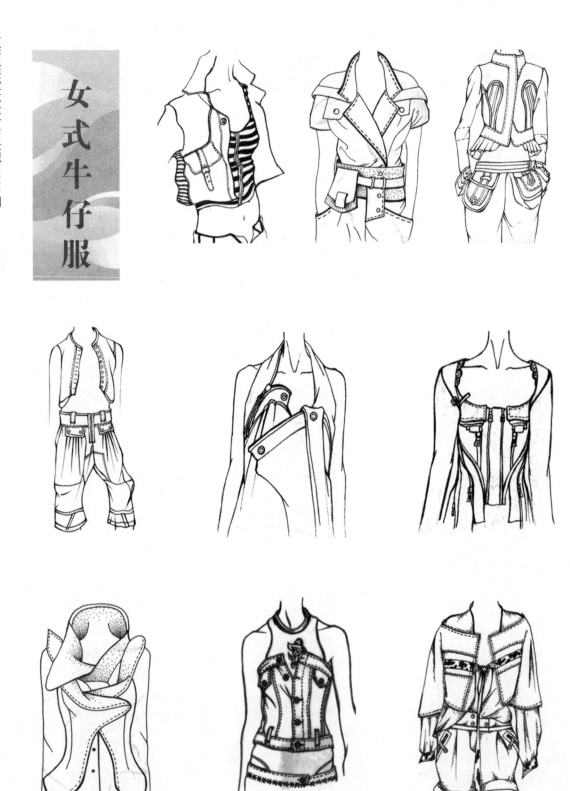

女式羽绒服

羽绒服是指面料内填充羽绒填料的上衣,其外形庞大、圆润,有轻、软、暖的特点。羽绒服的面料多采用高密度的涂层尼龙纺,既能防止羽绒钻出面料,又能保持衣内有较多的空气,从而达到好的保暖效果。

设计要点:羽绒服材料一定要选用高密度的面料,可以有效防止钻毛问题。由于羽绒服是冬天的主打服饰,所以防风保暖很重要,应尽量采用收紧领口、袖口和下摆的设计,也可在领口和袖口处增加皮草,既美观又实用。

女式羽绒服

女式羽绒服

女式皮草/皮衣

皮草是指利用动物皮毛制成的服装，常用来制作皮草的动物包括兔子、狐狸、貂类等。皮衣是采用如猪皮、牛皮、羊皮等动物皮，经过特殊工艺加工而成的皮革做成的服装。随着环保意识的增强和工艺水平的提高，皮草/皮衣多采用人造假毛或假皮，完全可以起到以假乱真的效果。

设计要点：设计皮草时，可以根据毛的长短来进行修剪以增加服装的层次感；设计皮衣时，要注意拼接的位置，不能过于琐碎。皮草/皮衣也可同针织、蕾丝面料相结合，进而凸显女装的高贵气质。

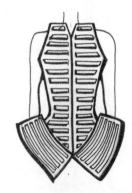

女式皮草／皮衣

3.2　男装

3.2.1　上衣

男式 T 恤

同女式 T 恤一样，男式 T 恤的结构设计简单，款式变化也多在领口、前胸上进行一些色彩、图案的变化，面料上通常采用纯棉材质，是夏季服装中常见的单品，可以同多种服装风格自由搭配，从而穿出流行的式样和不同的情调。

设计要点：男式 T 恤的样式变化较少，多在领口进行设计，有圆领、小尖领的变化，颜色和图案可以丰富多彩。

男式T恤

男式衬衫

男式衬衫分为正装衬衫和便装衬衫，正装衬衫用于同礼服或西服的搭配，注重剪裁合体，领及袖口内均有衬布以保持其挺括外观，一般采用白色或浅色；便装衬衫用于非正式场合穿着，可以搭配毛衣和便装裤，样式宽松，不强调合体，往往还采用纽扣来固定领尖，面料选择以舒适性为主要考虑因素。

设计要点：正装衬衫的特点是一定要板正挺括、合体贴身，可以在领尖和下摆加硬塑料片进行修正；便装衬衫的可塑性大，领型可以不局限于小翻领设计，立领也是不错的选择，衣身则可以相对宽松、随意一些。

男式衬衫

男式针织衫

　　针织衫就是利用织针将无数的线圈勾连起来，编织成服装成品，也可以用现成的针织面料来进行设计。针织衫质地松软，有良好的抗皱性与透气性，并有较大的延伸性与弹性，穿着舒适。

　　设计要点：男式针织衫合体性略差，以休闲风格为主，一般采用套头式或开襟式，也可以选择一些特殊的花纹进行编织或针织面料进行剪裁。

男式针织衫

男式卫衣

卫衣属于日常休闲服饰，主要以时尚、舒适为主，多为商务休闲、运动休闲风格。男式卫衣的面料一般采用加厚的针织面料，衣身宽大，袖口和衣服的下摆采用紧缩、有弹性的罗纹面料，有保暖和收身的效果，是春秋装中的必备品，兼具功能性与装饰性，是休闲运动的最佳装备。

设计要点：男式卫衣可以分为带帽式和无帽式两种，注重色彩和图案的变化，可以在帽子和袖口进行设计和装饰，进而增强服装的辨识度与设计感。

男式卫衣

3.2.2 裤装

男式休闲裤

 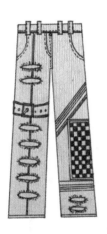

休闲裤是指一切非正式场合穿着的裤子，是以西裤为模板，但在面料、板型方面比西裤更加随意和舒适，穿起来显得比较休闲、随意，颜色则更加丰富多彩。

设计要点：休闲裤随意性大，可以进行设计的空间也大，如裤身的肥瘦度、口袋的数量和样式、面料的选择等方面都可以进行变化，是裤装中变化最大的一款裤型。

男式休闲裤

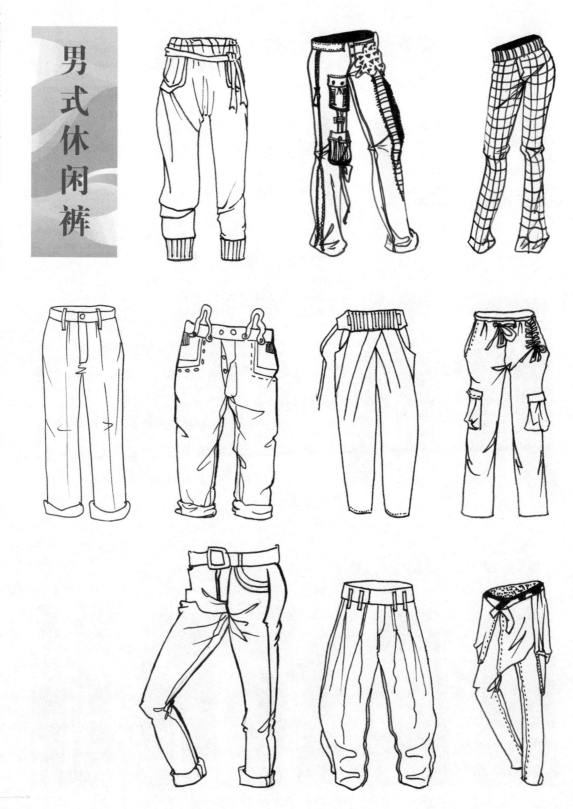

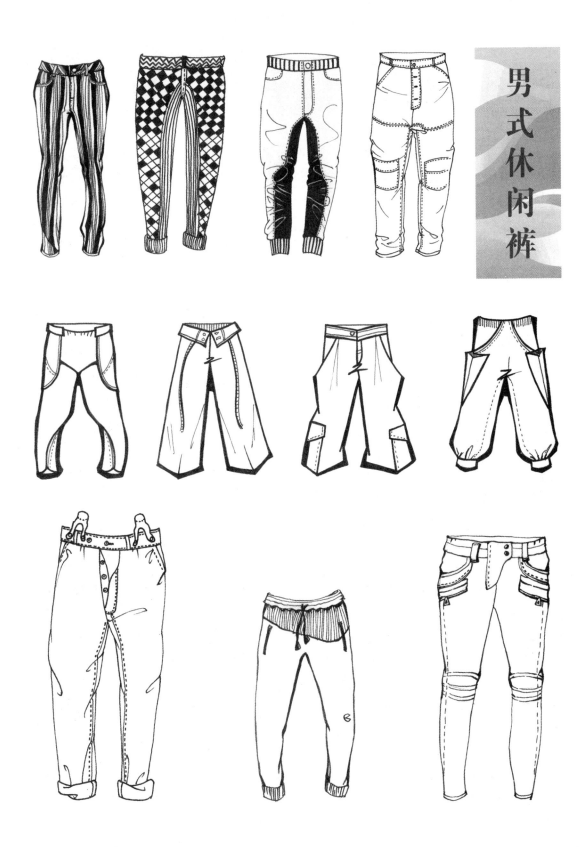

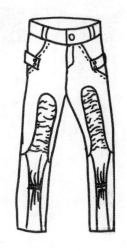

男式牛仔裤

牛仔裤最早出现在美国西部，曾受到当地的矿工和牛仔们的欢迎，所以被称之为牛仔裤。

设计要点：男式牛仔裤的设计重点在于工艺的处理，包括印染、植绒、手绘、喷砂、砂洗、水洗、掏洞等，也可搭配一些皮质或金属吊牌、扣饰来彰显着装者的个性。

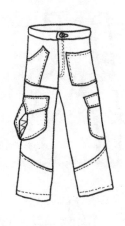

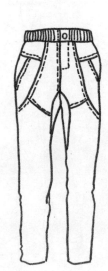

男式牛仔裤

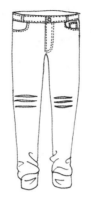

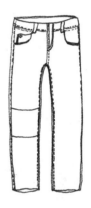

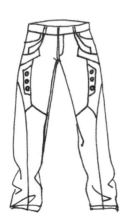

男式短裤

男式短裤主要是在天气炎热的时候和运动的时候穿着，不能作为正装，通常板型略为宽松，面料舒适、吸汗且透气性好。

设计要点：男式短裤的长度应保持在臀部以下、膝盖以上的部位，裤边可以翻起。休闲风格的沙滩短裤花色丰富、裁剪简单，腰部以松紧带固定；西装短裤裁剪合体，可以搭配背带，有"雅痞"的风格气息。

男式短裤

3.2.3　外套

男式西装

西装通常是企业、政府机关人员在较为正式的场合穿着的服装，其领型多为翻领和驳头，衣长在臀围线以下，主要特点是外观挺括、线条流畅、舒适度一般，不适宜做较大的肢体动作。

设计要点：男式正式西装通常采用裁剪合体的设计，门襟有单排扣和双排扣之分。男式休闲西装的翻领和驳头的大小可以灵活变化，不局限于三个衣兜，下摆可以采用圆角或方角设计，肘部可与其他面料进行拼接，总体轮廓仍保持西装的挺括感。

男式西装

男式夹克

夹克是指一种衣长较短、胸围宽松、紧袖口、紧下摆、样式多为拉链式开襟的外套，现在也把一些衣长较短、款式较厚、可以当作外套穿着的纽扣式开襟的上衣称作夹克，其特点是轻便、活泼、富有朝气。

设计要点：男式夹克的廓型以采用 T 型设计居多，领口是重点设计环节，暗扣或拉链装置可以组合出不同的效果，门襟及肩部的变化可以采用扣饰、拉链、纫缝等设计元素，装饰性十足。

男式夹克

男式夹克

男式风衣

风衣是一种防风雨的薄型大衣,适合于春、秋、冬季外出穿着,是近二三十年来比较流行的服装类型之一。由于造型多变、美观实用、携带方便等特点,风衣深受人们的喜爱。

设计要点:男式风衣多用直线条分割,过肩在分割线设计中属于横线分割,可以突出肩部的线条,显示穿着者性格干练、沉稳的一面;关领,可关可敞,使人感到舒适方便;翻驳领,不仅领角、驳头的式样很多,而且还有单排扣、双排扣和四粒扣、五粒扣之分。另处,男式风衣的袋型与领型、服装造型结构与配件,要统一、协调。

男式风衣

男式大衣

大衣是男性的冬季日常生活服装，多用粗呢面料制作，衣长至膝盖略下，有立领、翻领、单排扣、双排扣等多种样式，有些衣领还缀以丝绒或毛皮，口袋则以贴袋为主。

设计要点：大衣的长度范围是从膝盖到小腿，领型多变，有立领、大翻领、小翻领等，面料以毛呢为主，有些衣领和袖口还缀以丝绒或毛皮，在廓型上多采用符合男性形体特征的 H 型、T 型。

男式大衣

男式休闲装

　　休闲装，有别于严谨、庄重的正装，俗称便装。休闲装是人们在无拘无束、自由自在的休闲生活中穿着的服装，将简洁、自然的风貌展示在人前。休闲服装一般可以分为前卫休闲、运动休闲、浪漫休闲、乡村休闲等多种风格类型。

　　设计要点：男式休闲装以舒适性为前提，款式不需要非常合体，宽松的袖口和下摆，要留有一定的活动空间，肩部可采用过肩、插肩的设计，衣服长度以臀围线为宜，面料要舒适且方便打理。

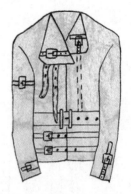

男式休闲装

男式马甲

男式马甲就是无袖的外套，在衣领、门襟、前片、后片的设计和工艺上可以媲美任何高级定制服装，既可以同西装进行完美组合也可以单独穿着，进而彰显男性的绅士风度。

设计要点：男式马甲无袖，所以设计点应该放在领型的设计上，尖领、圆领均可，衣长在腰部左右，前后片面料可以不同但要求工艺精湛，既能和西装搭配也能单独穿着。

男式马甲

男式牛仔服

牛仔服就是以斜纹面料缝制的服装，经常同铜扣进行搭配，以其坚固耐用、休闲粗犷等特点而深受人们喜爱。虽然男式牛仔服的整体风格相对模式化，但其细部造型及装饰则伴随着流行时装的周期与节奏不断演绎和变化。

设计要点：在牛仔服装造型中，常用直线线迹装饰牛仔服装的肩部、背部、袖口等部位，从而表达服装简约、坚强、流畅、规整、气韵生动的气质。通过石洗、漂洗、打磨等手法将牛仔布的靛蓝色洗白、达到仿自然旧的装饰效果。

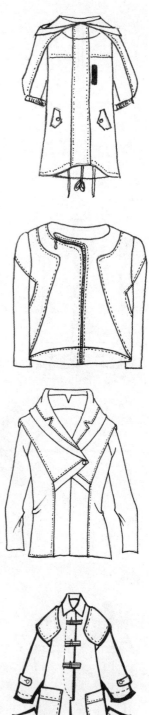

男式牛仔服

男式羽绒服

羽绒服是指内充羽绒填充物的上衣，其外形庞大、圆润，有轻、软、暖的特点。羽绒服面料多采用高密度的涂层尼龙纺，既能防止羽绒钻出面料，又能保持衣内有较多的空气，进而达到优良的保暖效果。

设计要点：男式羽绒服的面料一定要选用高密度的织物结构，防止钻毛。由于羽绒服是冬季主要服饰，所以防风保暖很重要，尽量采用收紧领口、袖口和下摆的设计，也可将面料与羽绒内胆分开，既可以增加面料选择的多样性，也方便清洗。

男式羽绒服

男式皮草 / 皮衣

男式皮草多选用兔子、狐狸、貂类等动物的皮毛制作而成，男式皮衣多采用，如猪皮、牛皮、羊皮、蛇皮、鱼皮等动物皮结合特殊工艺生产而成。与女式皮草 / 皮衣一样式皮草 / 皮衣也越来越多地采用人造假毛或假皮，既能起到装饰性目的，也能满足环保需要。

设计要点：男式皮草款式一定要简洁，过于复杂的设计不易于皮草的处理；男式皮衣设计时要注意拼接的位置，不能过于琐碎，皮草和皮衣也可结合使用，进而增加服装的节奏感。

男式皮草／皮衣

Part 4

服装款式的整体设计与人体动态表现

　　服装款式设计的创作同所有造型艺术创作相似，它们都是艺术构思与艺术手法的统一，并以创作成品来体现构思的艺术创作形态。所有的款式局部设计最终都要组合，并将特有的象征性元素固化在设计作品中，最终形成特定的设计风格。

4.1　女装款式设计与人体动态表现

　　在女装的整体设计中，内形设计与外形设计同时存在。通过线的不同分割与组合形成不同的面而构成款式各异的服装，两者是局部与整体的关系，缺一不可。结合镶嵌、拼接、流苏、刺绣、镂空、钉珠、钉铆钉、编织等搭配装饰的运用，不但起到了固定服装的作用，而且达到了装饰、美化服装的效果，在服装中起到画龙点睛的作用。只有外形、没有内形，服装显得空洞；只有内形、没有外形，服装显得凌乱，缺乏整体性。好的服装设计必然是在整体外形的基础上结合丰富的内形设计，这样的服装不但完整而且是具有观赏性和功能性的设计。

4.1.1 实用装

实用装

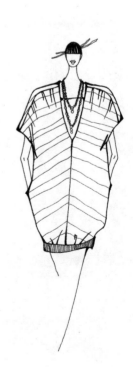

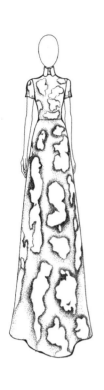

实用装

实用装

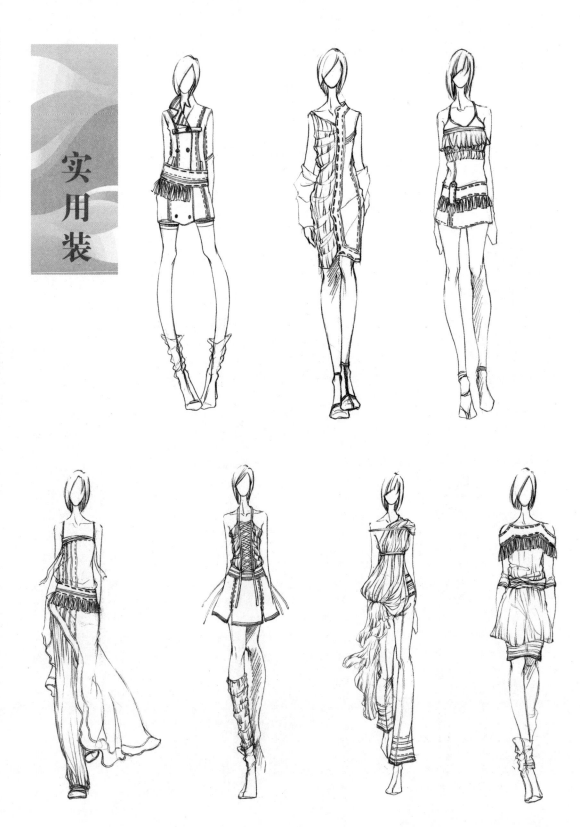

实用装

实用装

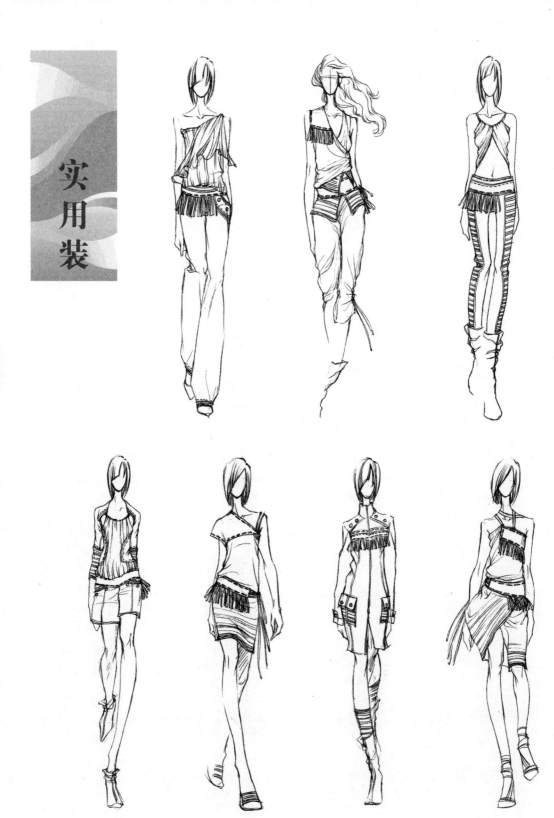

实用装

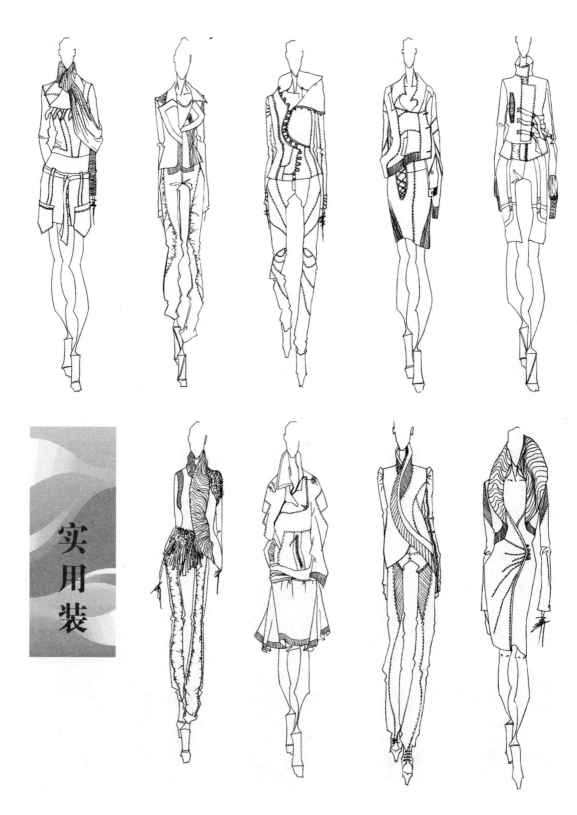

实用装

4.1.2 创意装

创
意
装

创意装

4.2　男装款式设计与人体动态表现

男装的整体设计表现为款式的各个局部与整体的统一，包括比例分割、比例分配、比例分解三方面的内容。比例分割是指按照人们的审美标准，将服装的外轮廓线向内推移或转移，形成省道和结构线的变化；比例分配是从服装上局部元素的放置来考虑其在服装中的位置、数量、大小关系，如：口袋的位置，纽扣的数量、领子的大小等；比例分解是将服装中的尺寸和数量之间的关系分解后重新组合形成具有视觉冲击感的服装。具体来说，男装的整体设计可以表现为利用衣服长短对比，松紧对比，大小、疏密、正反的变化等进行设计；在袖口、衣领、门襟等细节部位进行设计变化，结合一些帽子、围巾、手套、提包、鞋靴等配饰，达到服装局部与整体、内部结构与外部廓型的统一，进而达到美化服装的目的。

4.2.1 实用装

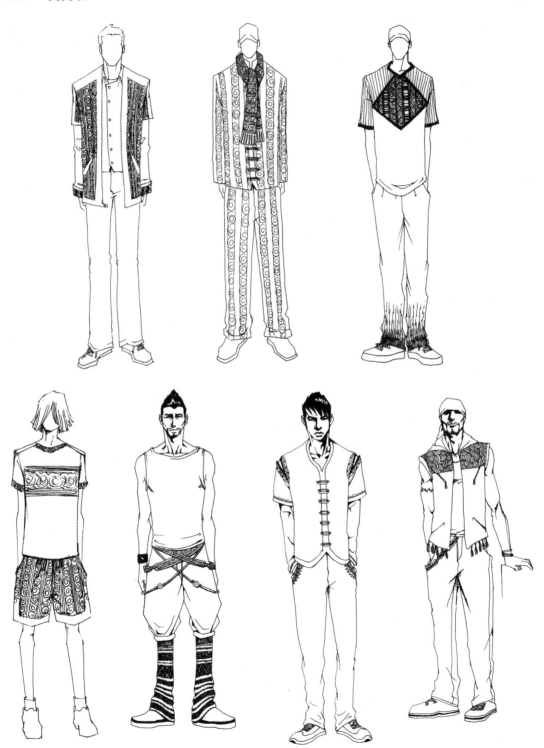

实用装

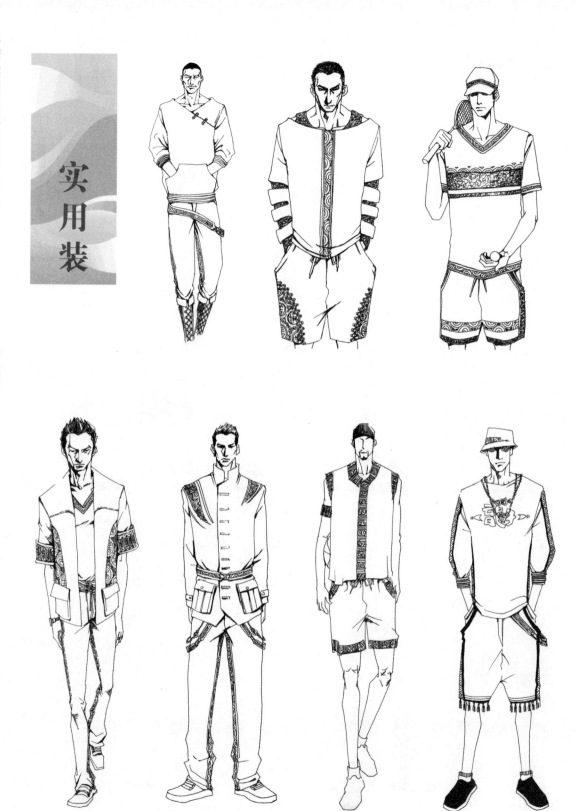

4.2.2　创意装

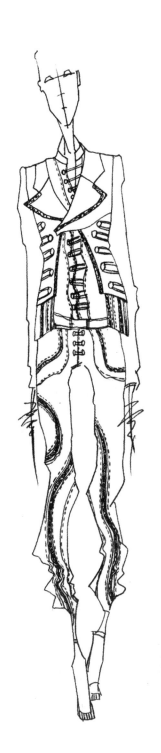

参考文献

［1］黄利筠，黄莹 . Illustrator 时装款式设计［M］. 北京：中国纺织出版社，2014.

［2］石历丽 . 服装款式设计 1688 例［M］. 北京：中国纺织出版社，2013.

［3］郭琦 . 手绘服装款式设计 1000 例［M］. 上海：东华大学出版社，2013.

［4］高村是州 . 服装款式与结构［M］. 石晓倩，译 . 北京：中国青年出版社，2013.

［5］丁雯 . Illustrator 服装款式设计经典案例［M］. 北京：人民邮电出版社，2013.